Entdeckt Künstliche Intelligenz
außerirdisches Leben?

Wilfried Domainko

Entdeckt Künstliche Intelligenz außerirdisches Leben?

Wie Maschinen die Suche nach Leben im Universum erleichtern

Wilfried Domainko
München, Deutschland

ISBN 978-3-662-71576-5   ISBN 978-3-662-71577-2   (eBook)
https://doi.org/10.1007/978-3-662-71577-2

Die Deutsche Nationalbibliothek verzeichnet diese Publikation in der Deutschen Nationalbibliografie; detaillierte bibliografische Daten sind im Internet über https://portal.dnb.de abrufbar.

© Der/die Herausgeber bzw. der/die Autor(en), exklusiv lizenziert an Springer-Verlag GmbH, DE, ein Teil von Springer Nature 2025

Das Werk einschließlich aller seiner Teile ist urheberrechtlich geschützt. Jede Verwertung, die nicht ausdrücklich vom Urheberrechtsgesetz zugelassen ist, bedarf der vorherigen Zustimmung des Verlags. Das gilt insbesondere für Vervielfältigungen, Bearbeitungen, Übersetzungen, Mikroverfilmungen und die Einspeicherung und Verarbeitung in elektronischen Systemen.
Die Wiedergabe von allgemein beschreibenden Bezeichnungen, Marken, Unternehmensnamen etc. in diesem Werk bedeutet nicht, dass diese frei durch jede Person benutzt werden dürfen. Die Berechtigung zur Benutzung unterliegt, auch ohne gesonderten Hinweis hierzu, den Regeln des Markenrechts. Die Rechte des/der jeweiligen Zeicheninhaber*in sind zu beachten.
Der Verlag, die Autor*innen und die Herausgeber*innen gehen davon aus, dass die Angaben und Informationen in diesem Werk zum Zeitpunkt der Veröffentlichung vollständig und korrekt sind. Weder der Verlag noch die Autor*innen oder die Herausgeber*innen übernehmen, ausdrücklich oder implizit, Gewähr für den Inhalt des Werkes, etwaige Fehler oder Äußerungen. Der Verlag bleibt im Hinblick auf geografische Zuordnungen und Gebietsbezeichnungen in veröffentlichten Karten und Institutionsadressen neutral.

© Einbandabbildung: NASA/JPL-CALTECH

Planung/Lektorat: Gabriele Ruckelshausen
Springer ist ein Imprint der eingetragenen Gesellschaft Springer-Verlag GmbH, DE und ist ein Teil von Springer Nature.
Die Anschrift der Gesellschaft ist: Heidelberger Platz 3, 14197 Berlin, Germany

Wenn Sie dieses Produkt entsorgen, geben Sie das Papier bitte zum Recycling.

Danksagung

An der Realisierung eines Buchprojekts sind in der Regel immer mehrere Menschen beteiligt. So möchte ich mich bei Gabriele Ruckelshausen und Amose Stanislaus bedanken, die mich bei der Erstellung meines Buches immer unterstützt haben. Des Weiteren möchte ich mich bei den Kolleginnen und Kollegen Alexander Baust, Florian Hofmann, Nina Tetzlaff und Christian Vitense für das gewissenhafte Korrekturlesen und für viele hilfreich Anmerkungen bedanken. Mein ganz besonderer Dank gebührt jedoch meiner Frau Annika, die mich in allen Phasen dieses Buches in vielfältiger Weise unterstützt hat und ohne deren Hilfe dieses Buch nicht entstanden wäre.

Inhaltsverzeichnis

1 Prolog: Eine neue Technologie hilft, eine alte Menschheitsfrage zu beantworten   1
Literatur   6

2 Eine Künstliche Intelligenz als Entdeckerin   9
2.1   Heiße Jupiter   10
2.2   Künstliche Intelligenz in der Astronomie   13
2.3   Transitmethode und das Kepler-Weltraumteleskop   15
2.4   Künstliche neuronale Netzwerke   18
2.5   Das Kepler-90-System   22
2.6   Die habitable Zone   25
Literatur   28

3 Eine Künstliche Intelligenz und ihre Definition von Leben   31
3.1   Dialogsysteme   32
3.2   Wie es funktioniert   35

3.3	Der Umgang mit einer Künstlichen Intelligenz	39
3.4	Was ist Leben?	42
3.5	Wo könnten wir Leben finden?	47
Literatur		49

4 Von extremen Lebensräumen auf der Erde lernen — 53

4.1	Hydrothermale Quellen	53
4.2	Höhlen	55
4.3	Wie findet man relevante Informationen?	60
4.4	Marsanaloga	66
4.5	Leben im ewigen Eis	69
4.6	Subglaziale Gewässer	72
4.7	Erforschung wassergefüllter Hohlräume	77
4.8	Kryobots	81
4.9	Extremophile	84
4.10	Radioaktive Lebensräume	86
Literatur		88

5 Extraterrestrisches Leben in unserem Sonnensystem — 93

5.1	Die Atmosphäre der Venus	94
5.2	Wasser auf dem Mars	97
5.3	Netzwerkanalysen	101
5.4	Drohnenflüge auf dem Mars	103
5.5	Rücktransport von Marsproben zur Erde	108
5.6	Eismonde	112
5.7	Landen, Bohren und Schmelzen auf den Eismonden	116
5.8	Titan	122
5.9	Ballone, U-Boote und Drohnen auf Titan	124
Literatur		127

6 Belebte Exoplaneten — 133
- 6.1 Superhabitable Welten — 133
- 6.2 Proxima Centauri b — 137
- 6.3 Interstellare Raumfahrt — 140
- 6.4 Das Planetensystem Trappist-1 — 146
- 6.5 Planetenatmosphären — 151
- 6.6 Hyzänische Planeten — 156
- 6.7 Wissensgraphen — 160
- 6.8 Künstliche Intelligenz und die Suche nach belebten Planeten — 164
- Literatur — 168

7 Eine Suche nach intelligentem Leben — 175
- 7.1 Sichtbarkeit — 176
- 7.2 Nachrichten — 180
- 7.3 Der Einsatz einer Künstlichen Intelligenz bei der Suche nach extraterrestrischen Nachrichten — 183
- 7.4 Halluzinieren — 189
- 7.5 Citizen Science — 193
- 7.6 Konditionieren — 198
- 7.7 Artefakte im Sonnensystem — 201
- Literatur — 208

8 Epilog: Auf der Suche nach der Menschheit — 213
- 8.1 Schwärme extraterrestrischer Raumflugkörper — 214
- 8.2 Extraterrestrische Intelligenz in irdischen Computernetzwerken — 218
- 8.3 Was würden sie unsere Dialogsysteme fragen? — 221
- Literatur — 226

1

Prolog: Eine neue Technologie hilft, eine alte Menschheitsfrage zu beantworten

In der Antike wandte man sich bei herausfordernden Fragestellungen mit komplexer Datenlage oft an ein Orakel. Mittels eines Mediums oder eines Rituals hoffte man dabei, übernatürliche Informationsquellen anzuzapfen. Das Problem bei dieser Vorgehensweise bestand jedoch oft darin, dass die Informationsgewinnung schwer nachvollziehbar war. Als Antwort bekam man in der Regel eine kryptische Aussage, die meist noch interpretiert werden musste. Heutzutage erlaubt es der technologische Fortschritt, Untersuchungen zu einer komplexen Datenlage einer weniger übernatürlichen Instanz anzuvertrauen [1, 2]. Eine Künstliche Intelligenz ist mittlerweile dazu fähig, eigene Schlüsse aus einer großen Zahl von Messergebnissen zu ziehen [3] oder eine Vielzahl von zukünftigen Szenarien zu simulieren. Besonders plakative Beispiele für auf Künstlicher Intelligenz basierende Akteure, die sogar in der Lage sind, eine sprachlich formulierte Frage

© Der/die Autor(en), exklusiv lizenziert an Springer-Verlag GmbH, DE, ein Teil von Springer Nature 2025
W. Domainko, *Entdeckt Künstliche Intelligenz außerirdisches Leben?*,
https://doi.org/10.1007/978-3-662-71577-2_1

mit einer ausformulierten Antwort zu erwidern, sind moderne Dialogsysteme. Manche dieser Systeme haben, insbesondere über das Internet, Zugang zu einem substantiellen Anteil des Wissens der Menschheit. Entsprechend hofft man, mit diesen Dialogsystemen bei komplexen Fragestellungen möglichst umfassende Antworten aus diesem riesigen Wissensreservoir zu erhalten. Die Quellen und Gründe für die Inhalte von Künstliche-Intelligenz-generierten Antworten sind jedoch gelegentlich nicht sehr leicht nachvollziehbar und in der Regel ist die Gültigkeit dieser Antworten mit unabhängigen Methoden zu überprüfen [4]. Nichtsdestoweniger erlaubt Künstliche Intelligenz generell die Analyse einer komplexen Datenlage und insbesondere bieten moderne Dialogsysteme die Möglichkeit, Fragestellungen aus einer zusätzlichen Blickrichtung zu betrachten [5, 6, 7].

Sind wir allein im Universum? Dies ist eine besonders herausfordernde Frage, die man derzeit einer Künstlichen Intelligenz stellen kann. Zu dieser Fragestellung gibt es mittlerweile eine umfangreiche Informationsbasis [8], denn die Suche nach Leben auf anderen Himmelskörpern, das unabhängig vom Leben auf der Erde entstanden ist, wird derzeit mit einer Vielzahl von unterschiedlichen Forschungsansätzen verfolgt. Die Antwort auf diese Frage hätte das Potential, unsere Sicht auf das Universum zu verändern. Mit einer entsprechenden Entdeckung wäre gezeigt, dass der komplexe Prozess der Lebensentstehung an unterschiedlichen Orten und unter unterschiedlichen Bedingungen ablaufen kann, womit das Vorhandensein einer Vielzahl von belebten Welten in den Weiten des Alls wahrscheinlich ist. Zusätzlich wäre eine entsprechende Entdeckung ein möglicher Hinweis darauf, dass es noch weiteres intelligentes Leben im Kosmos gibt, mit dem wir in mehr oder weniger erfreulichen Szenarien sogar in Kontakt treten könnten. Bisher wurde allerdings noch kein extraterrestrisches Leben zweifelsfrei identifiziert. Die Frage nach der Suche nach extraterrestrischem Leben könnte prinzipiell vorteilhaft mithilfe einer Künstlichen Intelligenz behandelt werden. Bereits bei der Vorbereitung einer entsprechenden Fahndung könnte man sich mit einem Dialogsystem, das Zugang zur wissenschaftlichen Literatur hat, einen gewissen Überblick über verschiedene Forschungsansätze zu diesem Thema verschaffen [9, 10].

Ein derzeit besonders häufig verwendetes Dialogsystem, das auf einem der Künstlichen Intelligenz zugerechneten Algorithmus basiert, ist ChatGPT der Firma OpenAI mit Sitz in Kalifornien. Dieses Dialogsystem kann beispielsweise auf Fragen ausformulierte Antworten generieren, die es aus der automatischen Analyse des Textkorpus eines signifikanten Teils des Internets gelernt hat. Damit hat dieses Dialogsystem Zugang zu einem substantiellen Teil des schriftlich festgehaltenen Wissens der Menschheit. Diese außergewöhnliche Wissensbasis wollte ich für dieses Buch nutzen. Daher habe ich ChatGPT verschiedene Fragen zum Themengebiet der Suche nach extraterrestrischem Leben gestellt und die solchermaßen generierten Antworten an mehreren Stellen im Buch eingefügt. Wenn in diesem Buch Bezug auf ein Dialogsystem oder einen Chatbot genommen wird, ist immer dieses spezielle System gemeint. Ich habe die Fragen auf Englisch gestellt und die Inhalte der Antworten, nicht jedoch deren Formulierungen, übernommen. An diesen Stellen des Buches habe ich vermerkt, dass bestimmte Informationen aus einem Dialog mit ChatGPT stammen. Da dieses Dialogsystem beispielsweise durch Interaktionen mit Nutzenden lernen kann, sind die generierten Antworten lediglich als Momentaufnahme zu sehen, die sich mit der Zeit, dem Trainingszustands der Algorithmen hinter ChatGPT und mittels durchgeführter Faktenchecks ändern können. Neben diesem Dialogsystem werde ich noch weitere Methoden zur Informationsgewinnung aus großen Textdatensätzen vorstellen. Mit unterschiedlichen Ansätzen lassen sich die Dinge aus unterschiedlichen Blickwinkeln betrachten und damit ist es möglich, quasi eine weitere, unabhängige Meinung oder Sichtweise zu erhalten.

Künstliche Intelligenz spielt für die Suche nach extraterrestrischem Leben nicht nur bei einer Literaturrecherche eine wichtige Rolle. Bei bestimmten Suchprogrammen nach Leben auf anderen Himmelskörpern fallen oft große Datenmengen an, die mithilfe von Verfahren, die auf Künstlicher Intelligenz basieren, analysiert werden. Entsprechende Algorithmen sind manchmal in der Lage, kleinste Signaturen in diesen Daten zu finden, die anderen Methoden verborgen bleiben könnten [11]. Insbesondere bei der Vor-Ort-Suche gibt es bei der Fahndung nach Leben außerhalb der Erde zusätzlich zur Datenanalyse noch weitere Einsatzfelder für eine Künstliche Intelligenz. Im Rahmen von unbemannten Missionen wird dabei mittels autonomer Raumsonden und selbstfahrender Planeten-Rover in unserem Sonnensystem nach einer entsprechenden Biologie gesucht. Die Steuerung dieser Vorrichtungen wird in der Regel von einer Künstlichen Intelligenz übernommen. In Zukunft ist geplant, mit noch komplexeren Fahrzeugen noch entlegenere Winkel auf bestimmten Planeten oder Monden in unserem Sonnensystem zu erreichen. So könnten beispielsweise Drohnen durch die Atmosphäre des Saturnmonds Titan fliegen oder U-Boote die subglazialen Gewässer auf dem Jupitermond Europa oder dem Saturnmond Enceladus erkunden. Diese Fahrzeuge benötigen zur Durchführung ihrer Aufgaben aufgrund der begrenzten Erreichbarkeit für menschliche Steuerbefehle und den langen Signallaufzeiten für Übertragungen von der Erde eine entsprechende, noch komplexere, intelligente Steuerung.

Bevor sich allerdings autonome Gefährte auf eine Expedition zu anderen Himmelskörpern begeben können, müssen sie hier auf der Erde getestet werden. Unser Heimatplanet bietet hierzu spannende Orte, beispielsweise subglaziale Seen unter dem Eis der Polkappen, die Tiefsee oder entlegene Höhlenbereiche, die sich für entsprechende Tests eignen. An extremen Orten auf der Erde kann man zusätzlich erforschen, wie sich irdisches Leben an besondere Umweltbedingungen anpassen kann und wo die Grenzen der Bewohnbarkeit für Leben liegen. Außergewöhnliche Umwelten eignen sich des Weiteren dazu, Methoden zu erproben, um versteckte Lebensspuren überhaupt als Leben zu erkennen. Die mit diesen Forschungsprogrammen gewonnenen Erkenntnisse können später bei der Lebenssuche auf anderen Himmelskörpern genutzt werden.

Generell ist es nicht klar, wo man am vielversprechendsten nach extraterrestrischem Leben suchen soll. Einerseits könnte sich in speziellen Nischenhabitaten in unserem Sonnensystem Leben außerhalb der Erde entwickelt haben. Anderseits könnten Planeten im Umlauf um andere Sterne als die Sonne, die auch extrasolare Planeten oder Exoplaneten bezeichnet werden, eine vergleichsweise ähnlich gute oder sogar noch besser geeignete Umwelt für Leben bieten als die Erde. Mögliche Lebensspuren in unserem Sonnensystem hätten den Vorteil, dass sie mit derzeit bekannter Technologie von Raummissionen besucht werden können, um sie an Ort und Stelle zu erforschen. Exoplaneten mit einer sehr umfassenden Biosphäre hingegen hätten den Vorteil, dass dort vorhandenes Leben noch aus sehr großer Entfernung, beispielsweise von der Erde aus, als solches erkannt werden kann. Für diesen Fall sind jedoch geeignete Teleskope für eine Lebenssuche unentbehrlich. In diesem Buch werde ich entsprechend unterschiedlichen möglichen Strategien zur Lebenssuche nachgehen und dabei mehrere verschiedene Facetten der Suche nach extraterrestrischem Leben aufzeigen.

Zusammenfassend kann gesagt werden, dass die Suche nach extraterrestrischem Leben eine beträchtliche ingenieurwissenschaftliche Herausforderung darstellt. Daher wird in einem Teil dieses Buches ein Fokus auf die technischen Aspekte der Lebenssuche gelegt. Insgesamt wird in diesem Buch neben der Frage „*Sind wir allein im Universum?*" insbesondere der Frage „*Wie könnten wir Leben auf anderen Himmelskörpern finden?*" nachgegangen.

Literatur

1. https://www.nature.com/articles/d41586-023-03596-0 [abgerufen am 18.11.2024]
2. Schoenegger, P., et al.; Wisdom of the silicon crowd: LLM ensemble prediction capabilities rival human crowd accuracy; Science Advances, Vol. 10, Issue 45, edp1528 (2024)
3. Wang, Y. et al.; Can AI Understand Our Universe? Test of Fine-Tuning GPT by Astrophysical Data; eprint arXiv:2404.10019 (2024)
4. Messeri, L. & Crockett, M. J.; Artificial intelligence and illusions of understanding in scientific research; Nature, 627, 49–58 (2024)
5. Thomas, B., et al.; Determining Research Priorities Using Machine Learning; eprint arXiv:2407.02533 (2024)
6. Lu, Chris, et al.; The AI Scientist: Towards Fully Automated Open-Ended Scientific Discovery; eprint arXiv:2408.06292 (2024)
7. Fouesneau, M. et al.; What is the Role of Large Language Models in the Evolution of Astronomy Research? Eprint arXiv:2409.20252 (2024)
8. Iyer, K. G., et al.; pathfinder: A Semantic Framework for Literature Review and Knowledge Discovery in Astronomy; eprint arXiv:2408.01556 (2024)

9. https://www.nature.com/articles/d41586-023-01613-w [abgerufen am 20.11.2024]
10. de Haan, T., et al.; AstroMLab 3: Achieving GPT-4o Level Performance in Astronomy with a Specialized 8B-Parameter Large Language Model; eprint arXiv:2411.09012 (2024)
11. Wang, H., et al.; Scientific discovery in the age of artificial intelligence; Nature, 620, pages 47–60 (2023)

2

Eine Künstliche Intelligenz als Entdeckerin

Menschen und Künstliche Intelligenzen unterscheiden sich derzeit in der Art und Weise, wie sie typischerweise Entdeckungen machen. Entsprechend wären bei einer Suche nach extraterrestrischem Leben für diese beiden Akteure unterschiedliche Entdeckungsstrategien erfolgversprechend. Die jeweiligen Entdeckungsstrategien beinhalten dabei die jeweils angepasste Vorgehensweise bei einer Fahndung nach Leben und die eigentliche Erkennung von Leben als solches. Bevor wir uns möglichen Charakterisierungen für Leben, dem Ziel dieser Suche, zuwenden, wollen wir uns daher zuerst verschiedene Wege zu Entdeckungen ansehen. Das Gebiet der extrasolaren Planeten bietet hierzu einige Beispiele.

2.1 Heiße Jupiter

An unerwarteten Orten lassen sich manchmal überraschende Entdeckungen machen. So geschehen bei der ersten sicheren Identifikation eines Planeten um einen sonnenähnlichen Stern außerhalb unseres Sonnensystems. Im Jahre 1995 wurde ein Planet mit etwa halber Jupitermasse, oder etwa 150-facher Erdmasse, im System eines entsprechenden Sterns entdeckt [1]. Die besondere Überraschung bei dieser Entdeckung lag in der Umlaufbahn des Planeten um seinen Heimatstern. Der Abstand zwischen den beiden Himmelskörpern beträgt dort gerade mal etwa ein Zwanzigstel des Abstandes der Erde von der Sonne. Damit läuft dieser Planet weit innerhalb der Merkurbahn um sein Zentralgestirn. Entsprechend beträgt seine Oberflächentemperatur etwa 1000 °C. Im Vergleich mit unserem Sonnensystem fällt dabei sofort auf, dass in unserem Heimatsystem lediglich kleine, felsige Planeten innerhalb der Erdbahn die Sonne umkreisen und sich die großen, massereichen Planeten weit außerhalb der Erdbahn befinden. Daher wurde dieser Himmelskörper nach seiner Entdeckung als Anomalie unter den Planeten betrachtet. Mittlerweile konnten jedoch weitere verwandte Objekte beobachtet werden. Entsprechende Planeten werden aufgrund der jupiterähnlichen Masse und der hohen Temperaturen als Heiße Jupiter bezeichnet (siehe Abb. 2.1). Heiße Jupiter können höllische Welten sein. In manchen Fällen sind sie so heiß, dass Metalldämpfe einen Teil ihrer Atmosphäre bilden und dass es dort flüssiges Eisen regnen kann [2].

Besonders rätselhaft sind die Entstehungswege der Heißen Jupiter [3]. Generell wird angenommen, dass sich Planeten in einer Gas- und Staubscheibe um Sterne bilden, die sich ebenfalls gerade formen. Die lokale Zusammensetzung dieser Scheibe hängt unter anderem von dem lokalen Energieeintrag des jungen Sterns ab. In Bereichen

2 Eine Künstliche Intelligenz als Entdeckerin

Abb. 2.1 Künstlerische Darstellung eines Heißen Jupiters. (Quelle: ESA/C. Carreau)

der Scheibe, die sehr nahe an dem Zentralstern liegen, verhindert die Strahlungswirkung des Sterns, dass flüchtige Substanzen wie bestimmte Gase oder Wasser kondensieren können. Man erwartet, dass sich dort Planeten bilden, die hauptsächlich aus Metallen und Silikatmineralien bestehen. Da diese Stoffe im Universum recht selten sind, sollten Gesteinsplaneten in der Regel wenig massiv sein. Große, massive Gasplaneten würden sich in dieser Vorstellung lediglich fern des störenden Einflusses des Zentralsterns in weiten Umlaufbahnen bilden können. Die Verteilung der Planeten in unserem Sonnensystem scheint diese Vorstellung zu unterstützen. Für die Entstehung von

Heißen Jupitern wären allerdings vermutlich alternative Entwicklungsprozesse notwendig. Hier kämen im Prinzip zwei mögliche Erklärungen infrage. Einerseits könnten sie an der Stelle in der Gas- und Staubscheibe entstanden sein, an der sich auch derzeit ihre Umlaufbahn befindet. Dieses Szenario würde jedoch effektive, bisher noch nicht vollständig verstandene Wachstumsmechanismen erfordern, die auch sehr nahe an einem Stern ablaufen können. Andererseits könnten sich Gasplaneten in großen Entfernungen zu ihren Heimatsternen gebildet haben und erst nach ihrer Entstehung in das innere Sternsystem gewandert sein. Eine mögliche Ursache für die Wanderbewegungen wären dabei Wechselwirkungen mit anderen Planeten oder eine Interaktion mit der Gas- und Staubscheibe um den Stern. Bisher gibt es keinen Konsens über die genauen Entwicklungswege der Heißen Jupiter. Die Eigenschaften der beobachteten Vertreter dieser Objektklasse legen derzeit nahe, dass eine Kombination von mehreren Mechanismen für die sehr engen Umlaufbahnen dieser Planeten verantwortlich sein müsste.

Der erste Heiße Jupiter wurde aufgrund seiner Gravitationswirkung auf seinen Heimatstern entdeckt. Ein umlaufender Planet zieht und zerrt an seinem Zentralgestirn, wodurch dieses ebenfalls um den gemeinsamen Schwerpunkt wackelt. Wird ein Planetensystem in Richtung seiner Bahnebene beobachtet, bewegt sich der Stern mal auf die Beobachtenden zu und mal von ihnen weg. Dabei wird das Licht des Sterns zu kürzeren Wellenlängen verschoben, wenn sich der Stern nähert, ähnlich der Tonhöhe eines Martinshorns eines sich nähernden Einsatzfahrzeugs. Analog wird das Licht des Sterns zu längeren Wellenlängen verschoben, wenn sich der Stern entfernt. Wird das Licht des Sterns in die Farben des Regenbogens aufgespalten, sieht man an bestimmten Farbpositionen dunkle Linien, die auf das Vorhandensein bestimmter chemischer

Elemente zurückzuführen sind. Aus einer periodischen Verschiebung dieser Linien mal zu kürzeren Wellenlängen und mal zu längeren Wellenlängen kann man auf das Vorhandensein eines Planeten schließen. Die periodischen Verschiebungen korrelieren dabei mit der Bahnperiode des Planeten. Die Entdeckung des ersten Planeten um einen sonnenähnlichen Stern war der Auftakt zu vielen weiteren Planetenentdeckungen um andere Sterne und wurde mit dem Nobelpreis für Physik für das Jahr 2019 gewürdigt [4]. Heiße Jupiter sind ein Glücksfall für die Suche nach Exoplaneten. Durch ihre vergleichsweise große Masse und ihre Nähe zu ihrem Mutterstern sind sie für Exoplaneten relativ leicht zu entdecken.

2.2 Künstliche Intelligenz in der Astronomie

Für die Auffindung des ersten extrasolaren Planeten waren menschliche Entdecker verantwortlich. Dies gelang unter anderem durch die menschliche Fähigkeit, auch in unerwarteten Bereichen zu suchen. Vor ihrer Entdeckung hätte vermutlich kaum jemand die Existenz von Heißen Jupitern erwartet. Künstliche Intelligenzen könnten ebenfalls erfolgreich nach in den Daten versteckten Signalen fahnden. Sie könnten dabei Signaturen erkennen, die Menschen übersehen.

Künstliche Intelligenz beruht in der Regel auf dem Konzept des maschinellen Lernens. Unter maschinellem Lernen ist wiederum ein System zu verstehen, dessen Fähigkeiten durch die Verarbeitung von vielen zusätzlichen Daten erheblich steigen [5]. Ein eindrucksvolles Beispiel für ein entsprechendes System ist AlphaZero [6]. Dieses Computerprogramm wurde dafür entwickelt, komplexe Brettspiele wie Schach oder Go zu spielen. Beim Start des

Lernverfahrens kennt AlphaZero lediglich die Spielregeln und die Siegbedingungen des jeweiligen Spiels. In einer Vielzahl von Spielpartien gegen sich selbst lernt der Algorithmus eigenständig in weiterer Folge erfolgversprechende Siegstrategien aus den Siegen, Remis und Niederlagen in diesen Partien. Mit wachsender Anzahl dieser Trainingspartien werden die Spielzugkombinationen des Systems immer ausgeklügelter. Maschinelles Lernen kann ebenfalls für die Analyse wissenschaftlicher Daten eingesetzt werden. Wir wollen uns nun die Stärken einer Künstlichen Intelligenz als Entdeckerin in entsprechenden Daten etwas genauer ansehen. Dieses Themengebiet ist eine gute Gelegenheit, mit einem Dialogsystem ins Gespräch zu kommen. Daher fragte ich den Chatbot, bei welchen Aufgaben eine Künstliche Intelligenz als Entdeckerin den Menschen überlegen sein könnte. Dieser antwortete, dass künstliche Datenanalysten besonders in Bereichen Vorteile gegenüber den Menschen hätten, die die Untersuchung von außergewöhnlich großen Datensätzen beinhalten würden, und dass sie speziell Aufgaben erfolgreich durchführen könnten, wo eine große Geschwindigkeit und Genauigkeit bei der Datenanalyse notwendig wäre. Dieses Fähigkeitsprofil könnte in der Astronomie sehr gefragt sein.

Der Himmel ist von einer sehr großen Anzahl von Objekten bevölkert. Beispielsweise geht man davon aus, dass unsere Heimatgalaxie, die Milchstraße, aus etwa hundert Milliarden Sternen besteht. Weiterhin wird angenommen, dass es im beobachtbaren Universum wiederum etwa hundert Milliarden Galaxien gibt. Die Anzahl der von der Menschheit schon beobachteten Objekte bewegt sich mittlerweile im Zahlenraum der Milliarden [7]. Viele Himmelsobjekte geben in einem weiten Wellenlängenbereich Strahlung ab. Zusätzlich können Himmelsobjekte im Laufe der Zeit ihre Abstrahlungscharakteristik verändern. Aus diesen Randbedingungen ergibt sich, dass es für ein besseres Verständnis des Universums notwendig ist, viele Himmelsobjekte in einem weiten Wellenlängenbereich zu beobachten und diese Beobachtungen in bestimmten zeitlichen Abständen zu wiederholen. Insgesamt müssen deswegen in der Astronomie oft gigantische Datenmengen analysiert werden. Daher ist die Astronomie eine ideale Spielwiese für eine Künstliche Intelligenz.

Mit der Möglichkeit der Analyse von astronomischen Datensätzen im Hinterkopf fragte ich den Chatbot, welche interessanten Entdeckungen Künstliche Intelligenzen mittlerweile in der Astronomie schon gelungen sind. Hier verwies mein Gesprächspartner, neben anderen Ergebnissen, auf die Auffindung eines bestimmten Planeten im Kepler-90-System. Mithilfe von Daten des Kepler-Weltraumteleskops wurden im Kepler-90-System mehrere Planeten identifiziert. Planetensysteme, die mit dem Kepler-Weltraumteleskop entdeckt wurden, werden nach diesem Instrument und einer fortlaufenden Nummer benannt. Bevor wir uns die Vorgehensweise einer Künstlichen Intelligenz bei der Suche nach extrasolaren Planeten genauer ansehen werden, wollen wir uns zuerst dem Kepler-Weltraumteleskop und den damit gewonnenen Datensätzen zuwenden.

2.3 Transitmethode und das Kepler-Weltraumteleskop

Neben der Gravitationswirkung auf seinen Heimatstern kann ein Planet unter bestimmten Umständen noch andere messbare Signaturen hinterlassen. Beispielsweise verdunkelt ein Planet einen kleinen Teil seines Zentralgestirns, wenn er zwischen dem Beobachtenden und dem Stern vorbeizieht. Diese Bedeckung führt zu einem kleinen Abfall der beobachteten Sternhelligkeit. Für eine Detektion eines Exoplaneten muss bei dieser Methode der Planet selbst nicht unbedingt als solcher beobachtet werden. Eine Sternfinsternis durch einen extrasolaren Planeten kann dementsprechend mittels sehr genauer Helligkeitsmessungen auch dann als kleine Helligkeitseinbuchtung gesehen werden, wenn der Stern nicht räumlich aufgelöst werden kann. Daher können diese Planetensuchen relativ kostengünstig mit Teleskopen mit moderater Größe durchgeführt werden. Bei Planeten mit stabilen Orbits um ihren Heimatstern sollten sich die Bedeckungen in periodischen, zeitlichen Abständen wiederholen. Die Voraussetzung für die mögliche Beobachtung einer Planetenfinsternis ist jedoch, dass sich die Sichtlinie Erde–Zentralstern ungefähr in der Ebene der Planetenbahn befindet. Da die Ebenen der Planetenbahnen zufällig im Raum ausgerichtet sind, kann eine Planetenfinsternis nur für einen kleinen Teil aller Planetensysteme von der Erde aus beobachtet werden. Entsprechend müssen bei diesen Beobachtungsprogrammen viele Sterne mittels großer Blickfelder gleichzeitig überwacht werden, damit sich statistisch gesehen zumindest ein Planetensystem mit passender Orientierung unter dieser Vielzahl von Sternen befindet und daher dessen Sternfinsternisse identifizierbar sind. Diese Methode zur Entdeckung von Exoplaneten nennt man auch die Transitmethode (siehe Abb. 2.2).

Das Kepler-Weltraumteleskop war eine Satellitenmission der National Aeronautics and Space Administration (NASA), die Exoplaneten mittels der beschriebenen Transitmethode suchte. Benannt wurde das Teleskop nach dem berühmten Astronomen gleichen Namens. Dieses Instrument wurde in den Jahren 2009–2018 betrieben [8]. Ein Kerngedanke der Kepler-Mission war, einen bestimmten, festen Bereich des Himmels über einen längeren Zeitraum kontinuierlich zu beobachten. Dieser Himmelsbereich wurde so gewählt, dass dabei eine große Anzahl an Sternen gleichzeitig zu sehen war. Im Falle des Kepler-Teles-

2 Eine Künstliche Intelligenz als Entdeckerin

Abb. 2.2 Künstlerische Darstellung einiger Sternbedeckungen durch ihre eigenen Planeten. Entsprechende Bedeckungen führen während des Transits zu einer kleinen Abdunkelung der Sternhelligkeit. Diese Mini-Finsternisse werden bei der Transitmethode zur Entdeckung von extrasolaren Planeten genutzt. (Quelle: NASA)

kops standen etwa 200.000 Sterne im Fokus der Mission. Bei dieser großen Anzahl an Sternen, so dachte man, sollte es gelegentlich zu einer Planetenfinsternis kommen, auch wenn nur ein kleiner Anteil der vorhandenen Planetensysteme von der Erde aus gesehen eine Sternbedeckung verursachen sollte. Um diese potentiellen Planetenbedeckungen zu finden, bestimmte Kepler mit hoher zeitlicher Auflösung die Helligkeitsverläufe der von ihm beobachteten Sterne. Tatsächlich konnte eine Vielzahl von Planetenbedeckungen identifiziert werden. Mit den Daten dieses Instruments konnte gezeigt werden, dass Planeten in der Milchstraße durchaus häufig zu finden sind. Insgesamt gelang es dem Kepler-Weltraumteleskop, mehr als tausend Planetensysteme zu entdecken.

Da sich Planeten typischerweise in einer Scheibe bilden, sollten in einem Planetensystem alle Umlaufbahnen in etwa in derselben Ebene liegen. Dies ist beispielsweise in unserem Sonnensystem der Fall. Wenn sich jedoch die Planeten in der Nähe einer Ebene um den Zentralstern bewegen, dann sollten sie bei entsprechender Geometrie auch nacheinander den Stern bedecken. Die Planeten weisen abhängig von ihrer Entfernung zum Heimatstern unterschiedliche Umlaufperioden auf. Entsprechend wiederholen sich Bedeckungen von verschiedenen Planeten in unterschiedlichen zeitlichen Abständen. Daraus ergibt sich für ein Planetensystem bestehend aus mehreren Planeten ein komplexes Muster an zeitlich aufeinander folgenden Finsternissen. Die Identifikation komplexer Bedeckungsmuster bietet eine lohnende Aufgabe für eine Künstliche Intelligenz [9]. Am Beispiel vom Kepler-90-System wollen wir nun einer Künstlichen Intelligenz bei ihrer Arbeit als Entdeckerin über die Schulter schauen.

2.4 Künstliche neuronale Netzwerke

Ein wichtiges Konzept bei der derzeitigen Entwicklung von Künstlichen Intelligenzen sind künstliche neuronale Netzwerke [10]. Neuronale Netzwerke können insbesondere für Aufgaben eingesetzt werden, für die kein explizit bekanntes Regelwerk zur Lösung der Fragestellung vorliegt. Ein Beispiel für ein solches Problem wäre die Gesichtserkennung von Menschen, da die individuellen Unterschiede zwischen menschlichen Gesichtern in der Regel nicht durch ein mathematisches Modell beschrieben werden können. Etwas genereller können neuronale Netzwerke vorteilhaft allgemein zur Mustererkennung genutzt werden.

2 Eine Künstliche Intelligenz als Entdeckerin

In einem neuronalen Netzwerk wird die Lösung eines komplexen Problems auf viele kleine einfache Einzelschritte zurückgeführt. Ein grobes Vorbild für künstliche neuronale Netzwerke ist das menschliche Gehirn. Unser Gehirn besteht aus einer sehr großen Anzahl an Nervenzellen oder Neuronen, die netzwerkartig miteinander in Verbindung stehen. Jede Nervenzelle führt eine einfache Aufgabe aus und kann das Resultat dieser Aufgabe an andere Nervenzellen weitergeben.

In Analogie zum menschlichen Gehirn sind die Grundbausteine von künstlichen neuronalen Netzwerken künstliche Neuronen, die im Wesentlichen eine mathematische Operation durchführen können. Beispielsweise kann ein Neuron als Eingangsgrößen zwei Werte erhalten und als Ausgangsgröße die Summe dieser beiden Werte liefern. Neuronen sind typischerweise mit anderen Neuronen verbunden, wobei sie bestimmte Zahlenwerte an diese weitergeben. Hier können Neuronen zusätzlich situationsabhängig entscheiden, ob ein bestimmter, berechneter Wert tatsächlich weitergegeben werden soll oder nicht. Das Neuron hat beispielsweise eine Zahlensumme berechnet und kann dann aufgrund der Größe des errechneten Summenwertes bestimmen, ob dieser an weitere Neuronen weitergegeben werden soll oder nicht.

Künstliche neuronale Netzwerke bestehen in der Regel aus mehreren hierarchischen Schichten, wobei jede Schicht üblicherweise wiederum aus mehreren Neuronen besteht. An der Eingangsseite eines neuronalen Netzwerks befindet sich eine Eingangsschicht, in die beispielsweise Daten, die von einem Instrument gewonnen wurden, eingelesen werden können. Die Eingangspunkte der Eingangsschicht sind mit den Neuronen der nächsten Schicht verbunden und geben die eingelesenen Werte an diese weiter. Die Verbindungen zwischen unterschiedlichen Neuronen der Eingangsschicht mit einem bestimmten Neuron der nächsten Schicht weisen typischerweise unterschiedliche Verbindungsstärken auf. Beispielsweise können zwei Eingangspunkte der Eingangsschicht mit einem Neuron der nächsten Schicht verbunden sein, wobei 80 % des eingelesenen Wertes des ersten Eingangspunkts und 60 % des Wertes des zweiten Eingangspunkts an dieses weitergegeben werden. Das Neuron der zweiten Schicht könnte aus den erhaltenen Werten die Summe bilden und diesen Wert über eine weitere Verbindung mit spezifischer Verbindungsstärke an ein Neuron einer nächsten Schicht weitergeben. Die Weitergabe eines berechneten Wertes kann situationsabhängig aber auch unterbleiben. Die Neuronen der nächsten Schicht verarbeiten wiederum die ihnen zugewiesenen Werte und können ihrerseits ihre Ergebnisse mit einer bestimmten Verbindungsstärke an Neuronen einer weiteren Schicht weitergeben und so weiter. Am Ende des künstlichen neuronalen Netzwerks steht eine Ausgangsschicht, wo das Ergebnis des Verfahrens abgerufen werden kann. Von außen sind lediglich die Eingangsschicht und die Ausgangsschicht sichtbar. Die Schichten dazwischen sind nicht sichtbar und werden verdeckte Schichten genannt (siehe Abb. 2.3). Komplexe künstliche neuronale Netzwerke haben oft viele verdeckte Schichten.

Die Qualität des Ergebnisses eines künstlichen neuronalen Netzwerks hängt unter anderem von seinem Aufbau ab. Daher müssen neuronale Netzwerke für komplexe Aufgaben sorgfältig konstruiert werden. Zusätzlich muss ein neuronales Netzwerk für eine bestimmte Aufgabe optimiert werden. Diesen Vorgang nennt man das Training des Netzwerks. In einer Möglichkeit zum Trainieren eines neuronalen Netzwerks benötigt man einen Datensatz mit bekannten Eingangsparametern und den daraus folgenden bekannten Resultaten. Dabei werden die bekannten Eingangsparameter an der Eingangsschicht dem neuronalen Netzwerk zugeführt. Das Ergebnis der Berechnungen wird

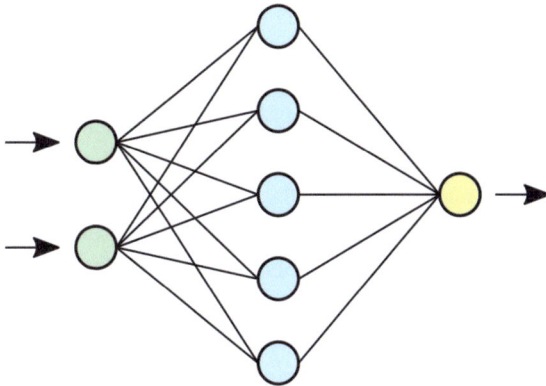

Abb. 2.3 Schematische Darstellung eines einfachen künstlichen neuronalen Netzwerks. (Quelle: https://commons.wikimedia.org/wiki/Artificial_neural_network?uselang=de#/media/File:Neural_network.svg)

an der Ausgangsschicht ausgelesen und mit den bekannten Resultaten verglichen. In einem Optimierungsschritt wird das künstliche neuronale Netzwerk derartig verändert, dass der Unterschied zwischen dem Ergebnis an der Ausgangsschicht und den bekannten Resultaten möglichst klein wird. Bei diesem Optimierungsschritt werden insbesondere die Verbindungsstärken zwischen den einzelnen Neuronen in geeigneter Weise variiert. Das derartig trainierte neuronale Netzwerk kann in weiterer Folge zur Analyse von neu gewonnenen Daten eingesetzt werden. Bei dieser Art des Trainings eines künstlichen neuronalen Netzwerks wird ein großer Trainingsdatensatz mit bekannten Resultaten benötigt. Die Qualität der Datenverarbeitung durch das trainierte künstliche neuronale Netzwerk hängt hier von der Qualität der Trainingsdaten ab. Es ist oft nicht leicht nachvollziehbar, welche Verbindungsstärken zwischen den Neuronen aus welchen spezifischen Eigenschaften der Trainingsdatensätze folgen.

Ein künstliches neuronales Netzwerk wurde zur Analyse der Lichtkurve des Kepler-90-Planetensystems eingesetzt. Vor der Analyse mit dem künstlichen neuronalen Netzwerk waren im Kepler-90-System bereits sieben Planeten bekannt. Mit dem Einsatz dieser Künstlichen Intelligenz sollte noch nach weiteren Planeten gefahndet werden. Als Trainingsdatensatz wurden von Menschen gefundene Planetenfinsternisse in Zeitreihen von Helligkeitsmessungen von anderen Sternen genutzt. Bei diesem Verfahren lernt also das künstliche neuronale Netzwerk von Menschen und deren Fähigkeit, bestimmte Strukturen in Daten zu klassifizieren. Das künstliche neuronale Netzwerk wurde dahin gehend optimiert, dass es möglichst gut zwischen tatsächlichen Planetenbedeckungen und anderen Fluktuationen in den Helligkeitsverläufen von Sternen, beispielsweise Sternflecken oder instrumentelles Rauschen, unterscheiden kann. Tatsächlich gelang mit dieser Methode die Entdeckung eines achten Planeten [9], der anderen Analysemethoden entgangen war (siehe Abb. 2.4).

2.5 Das Kepler-90-System

Kepler-90 war das erste Exoplanetensystem, in dem insgesamt acht Planeten entdeckt wurden. Das einzige andere Planetensystem mit der gleichen Anzahl an Planeten, das zu diesem Zeitpunkt bekannt war, war unser eigenes. Das Kepler-90-System ist jedoch deutlich kompakter als unser Sonnensystem. Der äußerste der acht bekannten Planeten läuft dabei auf einer Umlaufbahn, deren Abstand ungefähr dem Abstand von der Erde zur Sonne entspricht. Da der Zentralstern des Kepler-90-Systems etwas heißer und größer als die Sonne ist, sind alle bekannten Planeten in diesem System vermutlich wärmer als die Erde.

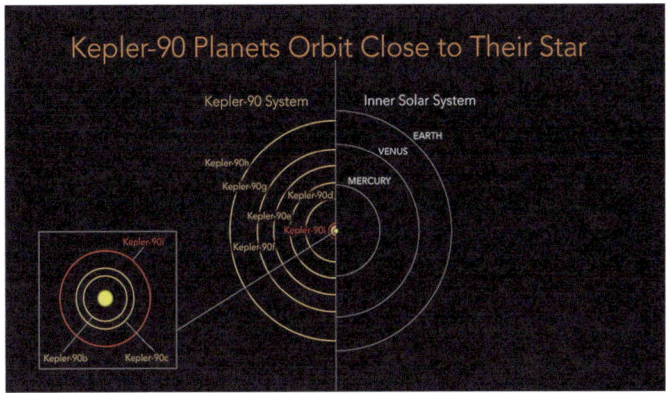

Abb. 2.4 Schematische Darstellung des Keper-90-Planetensystems im Vergleich mit dem inneren Sonnensystem. Im Kepler-90-System sind mit acht Planeten gleich viele Planeten bekannt wie in unserem Sonnensystem, wobei dieses Planetensystem jedoch deutlich kompakter ist als das unsere. Der Planet Kepler 90i wurde mithilfe einer Künstlichen Intelligenz gefunden. (Quelle: NASA/Ames Research Center/Wendy Stenzel)

Im Kepler-90-System befinden sich analog zu unserem Sonnensystem die kleineren Planeten näher an ihrem Zentralstern als die größeren. Die inneren sechs Planeten sind etwas größer als die Erde, bei den äußeren zwei Planeten handelt es sich vermutlich um Gasriesen. Die innersten Planeten könnten Gesteinsplaneten sein, deren Größe die Größe der Erde übertrifft. Diese Planetenart gibt es in unserem Sonnensystem nicht. Der Abstand des innersten bekannten Planeten zu seinem Mutterstern beträgt nur wenige Prozent des Abstandes von der Erde zur Sonne. Die Umlaufperiode dieses Planeten beträgt somit lediglich eine Woche. Die Bahnperiode des äußersten bekannten Planeten beträgt ungefähr ein Jahr, da er sich etwa in der Entfernung von der Erde zur Sonne um seinen Stern bewegt und die Masse des Zentralsterns nicht sehr weit von der Masse der Sonne abweicht.

Die innersten Planeten im Kepler-90-System könnten durch ihre Nähe zum Zentralstern eine gebundene Rotation aufweisen. Bei einer gebundenen Rotation weist immer dieselbe Seite eines Planeten zu seinem Zentralstern. Eine gebundene Rotation führt zu sehr unterschiedlichen Bedingungen auf einer Planetenoberfläche. Die sternzugewandte Seite ist dauerhaft durch den Zentralstern hell erleuchtet und wird durch die andauernde Bestrahlung stark erhitzt, wohingegen die sternabgewandte Seite in ewige Dunkelheit getaucht wird und dadurch stark auskühlen kann. Besitzt ein Planet mit einer gebundenen Rotation jedoch eine Atmosphäre, könnte dieser Temperaturunterschied zwischen der Ewigtag- und der Ewignachtseite durch Gaszirkulation teilweise ausgeglichen werden. Ein bekanntes Beispiel für eine gebundene Rotation ist der Erdmond. Dieser weist während seines Umlaufs um die Erde dieser ebenfalls immer dieselbe Seite zu. Da der Erdmond jedoch durch die Sonne und nicht die Erde bestrahlt wird, kommt es am Mond trotzdem zu einem Tages- und Nachtwechsel auf der Oberfläche.

Der äußerste Planet in Kepler-90 besitzt in etwa Jupitergröße und Jupitermasse. Daher könnte es sich dabei um einen entsprechenden Gasriesen handeln. Aus bestimmten Gesichtspunkten besonders spannend ist jedoch der zweitäußerste Planet. Mit einer Masse von fünfzehn Erdmassen und einem Radius von acht Erdradien besitzt er eine durchschnittliche Dichte von einem Dreißigstel der durchschnittlichen Dichte der Erde [11]. Die durchschnittliche Dichte dieses Planeten entspricht damit etwa der Dichte von Styropor. Diese geringe durchschnittliche Dichte könnte auf eine sehr ausgedehnte, undurchsichtige Atmosphäre zurückzuführen sein. Die genaue Ursache hierfür ist derzeit nicht bekannt. Denkbar wäre prinzipiell, dass es sich dabei um eine sehr staubreiche Atmosphäre handelt.

2 Eine Künstliche Intelligenz als Entdeckerin

Abb. 2.5 Künstlerische Darstellung der Planeten im Kepler-90-System. Zum Größenvergleich sind ebenfalls die Planeten in unserem Sonnensystem dargestellt. (Quelle: NASA/Ames Research Center/Wendy Stenzel)

Derzeit sind im Kepler-90-System gleich viele Planeten bekannt wie in unserem Sonnensystem. Jedoch unterscheiden sich diese beiden Planetensysteme deutlich durch die Eigenschaften ihrer Planeten (siehe Abb. 2.5). Für die Suche nach extraterrestrischem Leben muss man sich daher generell überlegen, welche Planeten überhaupt potentiell bewohnbar wären.

2.6 Die habitable Zone

Eine Voraussetzung für Leben, wie wir es kennen, ist Wasser in flüssiger Form. Flüssiges Wasser dient dabei dem Leben auf der Erde als Lösungsmittel. Wasser in flüssiger Form kann nur in einem begrenzten Temperaturbereich existieren. Unter den Druckverhältnissen auf Meeresniveau hier auf der Erde liegt dieser Temperaturbereich zwischen null und hundert Grad Celsius. Die Oberflächentemperatur eines Planeten hängt in der Regel von seinem

Abstand von seinem Zentralgestirn ab. Je näher ein Planet um seinen Heimatstern läuft, desto mehr Strahlung erhält er von diesem und desto höher ist entsprechend seine Oberflächentemperatur. Bei einer passenden Umlaufbahn kann die Oberflächentemperatur eines Planeten genau in dem Bereich liegen, in dem Wasser dauerhaft in flüssiger Form vorliegen kann (siehe Abb. 2.6). Dieser Bereich wird traditionell habitable Zone genannt [12].

Neben dem passenden Temperaturbereich benötigt Leben vermutlich noch zusätzlich eine feste Planetenoberfläche oder einen Ozean, um sich zu bilden. Diese Voraus-

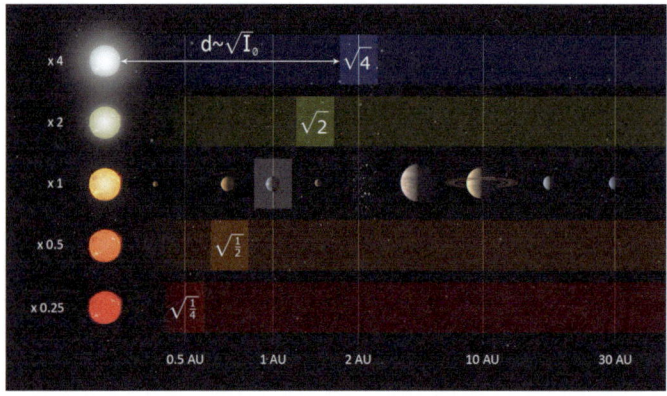

Abb. 2.6 Schematische Darstellung der habitablen Zone um verschiedene Sterne. In der habitablen Zone herrschen Temperaturen, die das Vorhandensein von flüssigem Wasser erlauben. Die Entfernung der habitablen Zone zum Heimatstern hängt von den Eigenschaften des Sterns ab. Bei heißeren und leuchtkräftigeren Sternen liegt die habitable Zone in einer größeren Entfernung zum Stern als bei kühleren und leuchtschwächeren Zentralgestirnen. Zum Vergleich wird wiederum die Situation in unserem Sonnensystem gezeigt. Die Größe I_0 steht für die Leuchtkraft des entsprechenden Sterns in Einheiten der Sonnenleuchtkraft und die Entfernung ist in astronomischen Einheiten (Astronomical Unit; AU) angegeben. Die Entfernung von der Erde zur Sonne entspricht 1 AU. (Quelle: https://de.wikipedia.org/wiki/Habitable_Zone#/media/Datei:Solarsystemau_habit.jpg)

setzungen sollten generell bei Gesteinsplaneten zu finden sein. Daher sind Gesteinsplaneten, die innerhalb der habitablen Zone ihre Heimatsterne umlaufen, gute Kandidaten für die Suche nach extraterrestrischem Leben.

Mittlerweile konnten tatsächlich schon einige potentielle Gesteinsplaneten gefunden werden, die ihre Heimatsterne in der habitablen Zone umlaufen. Exemplarisch soll hier das Trappist-1-System vorgestellt werden. Die Nomenklatur dieses Sterns folgt dem Namen des Beobachtungsprogramms Transiting Planets and Planetesimals Small Telescope (Trappist), mit dem dort Exoplaneten erstmalig entdeckt wurden. Trappist-1 ist ein roter Zwergstern, der sich in etwa 40 Lichtjahren Entfernung befindet, eine Entfernung, die ungefähr der zehnfachen Distanz des sonnennächsten Sterns Proxima Centauri zur Sonne entspricht. Derzeit sind sieben Planeten um Trappist-1 bekannt, wobei zumindest ein etwa erdgroßer Planet diesen Stern in der habitablen Zone umkreist [13]. Die Leuchtkraft von Trappist-1 beträgt lediglich ein halbes Promille der Leuchtkraft der Sonne, daher befindet sich die habitable Zone deutlich näher an diesem Stern als in unserem Heimatplanetensystem. Entsprechend beträgt die Entfernung zur habitablen Zone um Trappist-1 nur wenige Prozent der Entfernung von der Erde zur Sonne und ein Planet, der dort diesen Stern umkreist, benötigt für diesen Weg lediglich wenige Tage im Vergleich zu den etwa 365 Tagen des Erdjahres. Die Dimensionen des Trappist-1-Planetensystems liegen damit zwischen der Ausdehnung unseres Sonnensystems und der Ausdehnung der Umlaufbahnen der großen, inneren Monde um Jupiter. Der Einfluss des Zentralgestirns auf die Planeten im Trappist-1-Systems ist aufgrund des geringen Abstands der Himmelskörper besonders ausgeprägt. Entsprechend wird die Eigenrotation der Planeten beispielsweise durch Gezeitenreibung abgebremst. Daher haben die Planeten im Trappist-1-System vermutlich eine gebundene Rotation und wenden somit dem Stern immer dieselbe Seite zu. Bei Planeten mit gebundener Rotation erwärmt sich eine Seite der Planeten stark, wohingegen die andere Seite stark abkühlt. Jedoch gibt es in einem Übergangsbereich zwischen diesen beiden Extremen eine Zone der ewigen Dämmerung, die moderat temperiert wäre und daher potentiell lebensfreundliche Bedingung aufweisen könnte. Neben der Dämmerungszone könnte es auf Planeten im Trappist-1-System noch weitere lebensfreundliche Orte geben. Beispielsweise bestünde die Möglichkeit, dass es unter großflächig mit Eis bedeckten Oberflächen flüssiges Wasser gibt. Diese Orte würden von extremen Umweltbedingungen durch die Eisbedeckung geschützt werden. Entsprechende subglaziale Seen und Meere könnten wiederum die Heimat eines Ökosystems sein [14].

Es scheint also der Fall zu sein, dass es potentiell bewohnbare Planeten in zur Sonne benachbarten Sternsystemen geben könnte. Die Suche nach Leben auf anderen Himmelskörpern ist jedoch eine sehr fordernde Aufgabe. Hier wäre eine Künstliche Intelligenz bei der Jagd nach solchen Welten vorteilhaft einsetzbar. Nachdem potentiell habitable Planeten bereits gefunden wurden, stellt sich die Frage, wie dort möglicherweise vorhandenes Leben tatsächlich nachweisbar wäre. Um dieser Frage nachzugehen, muss man allerdings zuerst festlegen, wie Leben überhaupt zu definieren ist.

Literatur

1. Mayor, M. & Queloz, D.; A Jupiter-mass companion to a solar-type star; Nature, Volume 378, Issue 6555, pp. 355–359 (1995)
2. Ehrenreich, D., et al.; Nightside condensation of iron in an ultrahot giant exoplanet; Nature, Volume 580, Issue 7805, p. 597–601 (2020)

3. Dawson, R. I. & Johnson, J. A.; Origins of Hot Jupiters; Annual Review of Astronomy and Astrophysics, vol. 56, p.175–221 (2018)
4. https://www.nobelprize.org/prizes/physics/2019/summary/ [abgerufen am 16.12.2024]
5. Hogg, D. I. & Villar, S.; Is machine learning good or bad for the natural sciences? eprint arXiv:2405.18095 (2024)
6. Silver, D., et al.; A general reinforcement learning algorithm that masters chess, shogi, and Go through self-play; Science. Vol. 362, Issue 6419, S. 1140–1144
7. https://de.wikipedia.org/wiki/Gaia_(Raumsonde [abgerufen am 20.11.2024]
8. https://de.wikipedia.org/wiki/Kepler_(Weltraumteleskop) [abgerufen am 20.11.2024]
9. Shallue, Ch. & Vanderburg, A.; Identifying Exoplanets with Deep Learning: A Five-planet Resonant Chain around Kepler-80 and an Eighth Planet around Kepler-90; The Astronomical Journal, Volume 155, Issue 2, article id. 94, 21 pp. (2018)
10. Schmidhuber, J.; Deep Learning in Neural Networks: An Overview: eprint arXiv:1404.7828
11. Liang, Y., et al.; Kepler-90: Giant Transit-timing Variations Reveal a Super-puff; The Astronomical Journal, Volume 161, Issue 4, id.202, 9 pp. (2021)
12. https://de.wikipedia.org/wiki/Habitable_Zone [abgerufen am 20.11.2024]
13. Gillon, M., et al.; Temperate Earth-sized planets transiting a nearby ultracool dwarf star; Nature, 533, pages 221–224 (2016)
14. Wanel, A.; Habitability and sub glacial liquid water on planets of M-dwarf stars; eprint arXiv:2303.04474 (2023)

3

Eine Künstliche Intelligenz und ihre Definition von Leben

Für die Suche nach einer extraterrestrischen Biologie ist eine Festlegung einer Definition von Leben eine wichtige Voraussetzung. Erst mit einer entsprechenden Definition weiß man, wonach man überhaupt sucht. Derzeit gibt es allerdings keine allgemein akzeptierte Abgrenzung zwischen Leben und unbelebter Materie. In diesem Kapitel wird mithilfe eines auf Künstlicher Intelligenz basierenden Dialogsystems eine mögliche Lebensdefinition erstellt. Um die Robustheit der gegebenen Antwort einschätzen zu können, werden hier zuerst die Arbeitsweise des Dialogsystems und einige Besonderheiten dieser Technologie bei der Informationsbeschaffung beschrieben.

3.1 Dialogsysteme

Am Ende des Jahres 2022 erreichte ein besonderer Hype die Wissenschaftswelt [1]. Die amerikanische Firma OpenAI stellte den Chatbot ChatGPT in der Version 3 der Öffentlichkeit vor. Dabei handelt es sich um ein textbasiertes Dialogsystem, mit dem ein Austausch in Form eines Gesprächs zwischen Menschen und einer Künstlichen Intelligenz möglich ist [2]. GPT steht hier für Generative Pre-trained Transformer und verweist damit auf einen Teil der Funktionsweise dieser besonderen Mensch-Maschine-Schnittstelle [2].

ChatGPT und verwandte Dialogsysteme bieten eine besondere Art der Informationsbeschaffung. Diese Chatbots analysieren mit einem Verfahren zum maschinellen Lernen eine gigantische Anzahl an Schriftdokumenten und erstellen basierend auf dieser Analyse Antworten auf gestellte Fragen. Bei Nutzung eines Teils des Internets als Wissensbasis steht dem Chatbot dabei ein substantieller Anteil des Wissens der Menschheit für die Lösung seiner Aufgaben zur Verfügung. Die Ausgabe erfolgt in der Regel in Form von formatiertem Text, der gut lesbar und üblicherweise für Menschen verständlich ist. Die Formulierungen wurden von dem Dialogsystem ebenfalls durch die Analyse einer sehr großen Zahl von menschenverfassten Dokumenten gelernt. In vielen Fällen ist es sogar nicht leicht zu unterscheiden, welches Dokument ein Mensch verfasst hat und welcher Text von einem Dialogsystem erstellt wurde.

Ein Chatbot mit großer Wissensbasis bietet verschiedene potentielle Anwendungsmöglichkeiten für den Wissenschaftsbetrieb. Mit einem Frage-Antwort-Spiel kann man beispielsweise ein Dialogsystem zu einer Wissensrecherche nutzen, wobei in der Regel jedoch keine Quellenangaben mitgeliefert werden. Über eine einfache Literaturrecherche hinaus kann ein ausgiebiges Gespräch mit dieser

Künstlichen Intelligenz sogar eine alternative Sichtweise auf bestimmte Fragestellungen vermitteln [3]. Damit wäre ein Dialogsystem für Erkenntnisgewinne einsetzbar, die bisher typischerweise einem Informationsaustausch zwischen Menschen vorbehalten waren. Beispiele hierzu wären die Findung von Ideen [4] oder eine Diskussion über verschiedene Gedankengebäude [5]. In diesem Buch wollen wir diese fortgeschrittenen Einsatzmöglichkeiten des Dialogsystems nutzen. Besonders spannend sind in diesem Zusammenhang Einschätzungen einer Künstlichen Intelligenz zu verschiedenen Problemstellungen im Bereich der Astrobiologie.

Die neuartigen Fähigkeiten dieser Technologie bringen jedoch einige Herausforderungen mit sich. Einige dieser Herausforderungen sind mit der Arbeitsweise eines Dialogsystems verknüpft. Generell ist die Art und Weise, wie ein Chatbot zu seinen Antworten und Einschätzungen kommt, derzeit eher nur rudimentär bekannt. Beispielsweise hängt die Qualität der Antworten des Chatbots von der Qualität der analysierten Texte ab. Oft ist es jedoch kaum überblickbar, welcher Teil der genutzten Datenbasis auf zutreffenden Informationen beruht und welcher Teil aus Falschinformationen besteht. In vielen Fällen ist es daher schwer abzuschätzen, wie zuverlässig und korrekt die Antworten eines Dialogsystems ausfallen. Es erscheint daher wichtig, Antworten eines Chatbots mittels unabhängiger Informationskanäle zu verifizieren.

Zusätzlich zu einer Lernbasis, die teilweise menschengemachte Falschinformation beinhaltet, könnte sich ein Dialogsystem sogar selbst Probleme bei der Auswahl der Wissensbasis generieren. Beispielsweise könnten ungewollt maschinenerstellte Dokumente als Lerndaten für ein Dialogsystem Verwendung finden, da Maschinentexte von menschlichen Texten manchmal kaum unterscheidbar sind. Der Wahrheitsgehalt maschinenerstellter Texte wäre allerdings oft unbestimmt. In extremen Fällen könnte das die Arbeitsweise von Dialogsystemen systematisch beeinflussen [6]. Durch die Fähigkeit eines Chatbots zur schnellen Ausgabe von formatierten Texten wäre dieses Instrument im Prinzip sogar dafür nutzbar, das Internet mit ungeprüften Informationen zu fluten. Insgesamt könnte dadurch eine Situation entstehen, in der Dialogsysteme ihre Antworten zumindest teilweise aus Dokumenten erstellen, die sie selbst oder vergleichbare Systeme generiert haben. Ein Ansatzpunkt zur Vermeidung dieser Problematik wäre eine Offenlegung, welchen Anteil eine Künstliche Intelligenz bei der Erstellung eines bestimmten Textes hatte [7, 8], wobei diese Information bei der Auswahl der Wissensbasis berücksichtigt werden kann.

Weitere Herausforderungen für eine Arbeit mit einem Dialogsystem sind durch das organisatorische Umfeld dieser Technologie gegeben. Ein Beispiel hierzu ist die Frage der Kontrolle dieser Technologie [9]. ChatGPT wurde von einem privatwirtschaftlichen Anbieter entwickelt, der vermutlich zumindest einen Teil der Eingangsgrößen in dessen Modelle bestimmt. Bei einer sehr großflächigen Nutzung eines bestimmten Dialogsystems könnte damit ein bestimmter Anbieter einen signifikanten Einfluss auf die Informationsbeschaffung sehr vieler Nutzender erhalten [10]. Nicht unerwähnt bleiben sollte hier ebenfalls, dass der umfangreiche Betrieb von Dialogsystemen schnelle Rechensysteme erfordert, die sehr energieintensiv sind. Die Energieproduktion für entsprechende Rechner könnte sich insgesamt negativ auf die globale Erwärmung auswirken [11]. Um manchen dieser möglichen Fehlentwicklungen entgegentreten zu können, wäre eine Regulierung dieser Technologie notwendig. Es sollte allerdings vermieden werden, mit diesen Kontrollmechanismen die weitere Entwicklung dieser Technologie zu hemmen. Derzeit herrscht noch kein Konsens darüber, wie eine Regulierung aussehen sollte, wobei die Europäische Union hier eine Pionierrolle übernimmt [12, 13].

Zusammenfassend kann gesagt werden, dass ein Dialogsystem vielfältig einsetzbar ist. Allerdings wäre für eine vorteilhafte Nutzung dieses Werkzeugs eine gewisse Transparenz bei der Wissensbasis und bei der Arbeitsweise dieser Künstlichen Intelligenz wünschenswert. Die zuvor genannten Herausforderungen und sicherlich noch viele weitere Fragestellungen sollten bei einer Nutzung eines Dialogsystems berücksichtigt werden. Mit diesen Überlegungen im Hinterkopf wollen wir mit einem Dialogsystem das Wesen des Lebens diskutieren. Bevor wir uns jedoch der Frage nach einer Definition für Leben zuwenden werden, wollen wir uns als nächsten Schritt ansehen, wie Dialogsysteme prinzipiell überhaupt funktionieren.

3.2 Wie es funktioniert

Das Verständnis von Texten ist eine herausfordernde Aufgabe, da die menschliche Sprache sehr komplexe Möglichkeiten zur Weitergabe von Informationen bietet. Texte können eine nahezu unüberschaubare Vielfalt an Themengebieten behandeln und entsprechende Dokumente werden in unterschiedlichen Sprachen verfasst. Zusätzlich gibt es eine Vielzahl von Formulierungsmöglichkeiten für ein bestimmtes Themengebiet. Erschwerend kommt hinzu, dass Texte, die aus ähnlichen Worten bestehen, nicht unbedingt eine ähnliche Bedeutung aufweisen müssen. Entsprechend herausfordernd gestaltet sich daher die maschinelle Analyse der Bedeutung von Texten. Das Erkennen, Analysieren, Verstehen und Ausgeben von Texten beruht nicht auf einem explizit bekannten mathematischen Modell. Daher liegt hier eine Einsatzmöglichkeit für ein künstliches neuronales Netzwerk vor. Damit ein

Dialogsystem eine sinnvolle Antwort auf eine Frage geben kann, müssen dessen neuronale Netzwerke passend trainiert werden. Dialogsysteme wie ChatGPT werden hierzu in einem mehrstufigen Verfahren optimiert.

Eine erste Stufe zum Vortrainieren eines künstlichen neuronalen Netzwerks für ein Dialogsystem soll das Netzwerk in einen günstigen Zustand versetzen. Dieser erste Schritt kann nach dem Prinzip des selbstüberwachten Lernens ablaufen. Beim selbstüberwachten Lernen werden dem neuronalen Netzwerk vom Menschen keine expliziten, richtigen Lösungen vorgegeben. Hier generiert sich der Computer aus den Trainingsdaten selbst die Informationen, die zum Lernen des Netzwerks herangezogen werden. Insbesondere kann der Computer aus einem Trainingsdatensatz statistische Muster oder Zusammenhänge gewinnen und diese für eine Optimierung des künstlichen neuronalen Netzwerks nutzen. Ein Beispiel wäre die Bestimmung des nächsten Begriffs oder Wortes, das auf ein bestimmtes anderes Wort oder einen bestimmten anderen Begriff in einer bestimmten Sprache höchstwahrscheinlich folgt. So können auf das Wort „Wasser" verschiedene Wörter wie „trinken", „ausschütten", „schwimmen", „verschmutzen" oder noch viele andere Möglichkeiten folgen. Ein Computer kann hier einen bestimmten Textkorpus, wie ein Buch oder eine Vielzahl von Internetdokumenten systematisch durchsuchen, und dadurch bestimmen, welches Wort in diesem Textkorpus am wahrscheinlichsten auf den Begriff „Wasser" folgt. Dabei hängt das Ergebnis dieser Bestimmung natürlich vom verwendeten Textkorpus ab. Mit dem Ergebnis dieser Bestimmung kann wiederum ein künstliches neuronales Netzwerk vortrainiert werden (im Englischen Pre-trained, womit ChatGPT zu seinem Namen kommt [2, 14]). Als Ergebnis dieses Vortrainings wird das künstliche neuronale Netzwerk dahin gehend optimiert, dass es die gefundene häufigste Wortkombination als Antwort gibt.

Für einen nächsten Schritt benötigt das Optimierungsverfahren die Mitwirkung von Menschen. Dies geschieht in der Regel im Rahmen eines überwachten Lernens, das sich durch die menschliche Beteiligung vom selbstüberwachten Lernen unterscheidet. Beim überwachten Lernen erfolgt das Training in Analogie mit der Planetensuche über bereits bekannte gute Datensätze, die dem Netzwerk vom Menschen vorgegeben werden. Im Falle eines Chatbots könnte dieser beispielsweise verschiedene Antworten auf eine bestimmte gestellte Frage geben und menschliche Expertinnen und Experten bewerten diese Antworten und wählen aus den verschiedenen Möglichkeiten die zutreffendste aus. Mithilfe dieser ausgewählten guten Antworten kann das künstliche neuronale Netzwerk weiter trainiert und optimiert werden.

Um ein Dialogsystem noch weiter zu verbessern, kann als ein zusätzlicher Schritt ein bestärkendes Lernen angewendet werden [15]. Bestärkendes Lernen kann ganz grob als ein Lernen durch Handeln (Learning by Doing) verstanden werden [16]. Handeln meint hier eine Interaktion des Netzwerks mit seiner Umgebung. Beispielsweise führt der Computer eine Aktion aus und bewertet die Reaktion der Umgebung auf diese Aktion. Wenn das Handeln des Computers mit Erfolgen verbunden ist, bekommt er von der Umgebung zu bestimmten Zeitpunkten Belohnungen. Bei einem bestärkenden Lernen versucht der Computer eine Methode zu entwickeln, um die Belohnungen im Laufe der Zeit zu maximieren. Insbesondere könnte der Computer bestimmen, mit welcher Aktion aus einer Auswahl von Handlungen in kürzester Zeit eine Belohnung zu erwarten wäre. Nach erfolgreicher Gewinnung der Belohnung kann für den nächsten Zeitschritt die weitere

Strategie angepasst werden. Umgelegt auf ein künstliches neuronales Netzwerk kann dieses mit den identifizierten, erfolgversprechenden Strategien zusätzlich trainiert werden. Im Rahmen eines bestärkenden Lernens führt ein Chatbot Unterhaltungen mit vielen Nutzenden und extrahiert aus den Gesprächsverläufen vielversprechende Strategien. Beispielsweise wäre eine Antwort als Erfolg zu werten, wenn der Nutzende auf diese Antwort eingeht und dazu noch weitere Fragen stellt. Generell könnte hier ausgewertet werden, in welcher Form eine Vielzahl von unterschiedlichen Nutzenden auf den Gesprächsverlauf reagieren oder das Gespräch weiterführen.

Dieses komplexe hochoptimierte mehrstufige Verfahren kann nun auf Texte aus dem Internet als Wissensbasis zurückgreifen. Im Internet hat mittlerweile ein signifikanter Teil der Menschheit Schriftstücke mit sehr unterschiedlicher Qualität und Länge hinterlassen. Entsprechende Schriftstücke können von wissenschaftlichen Publikationen über offizielle Regierungsdokumente oder Zeitungsartikel bis hin zu Blogeinträgen und Kommentaren unter Blogeinträgen reichen, nur um einige, wenige Beispiele zu nennen. Wird ein Dialogsystem mit allen diesen Texten trainiert, könnte man prinzipiell mit diesem Chatbot verschiedene Fragestellungen auf Basis eines Schwarmwissens eines substantiellen Teils der Menschheit diskutieren. Wir wollen uns hier diese breite Wissensbasis zunutze machen und mit einem Chatbot über die Suche nach extraterrestrischem Leben reden. Bevor wir jedoch zu diesem Thema kommen, wollte ich von dem Dialogsystem noch einige Einschätzungen zur Rolle von Künstlichen Intelligenzen im Allgemeinen erfragen.

3.3 Der Umgang mit einer Künstlichen Intelligenz

Eine Möglichkeit, mehr über einen Gesprächspartner zu erfahren, kann ein Gespräch über die Selbstwahrnehmung des Gegenübers sein. Im Falle eines Chatbots würde sich ein entsprechendes Gespräch um Stärken und Schwächen von Künstlichen Intelligenzen drehen. Um hier ins Gespräch zu kommen, fragte ich meinen Gesprächspartner, was denn Künstliche Intelligenz eigentlich sei. Mein Gegenüber definierte Künstliche Intelligenz als die Entwicklung von Computersystemen, die Aufgaben ausführen können, die typischerweise menschliche Intelligenz erfordern würden. Interessant an dieser Antwort ist, dass immer noch der Mensch als Maßstab für Intelligenz dient. Dies ist jedoch vermutlich nicht weiter verwunderlich, da das System von menschengemachten Texten lernt.

Eine nächste Frage widmete sich dem Themenkomplex der Funktionsweise einer Künstlichen Intelligenz. Hier war ein zentraler Teil der Antwort, dass Künstliche Intelligenz in der Lage ist, aus vorhandenen Daten zu lernen, indem sie in diesen Daten statistische Muster erkennt und dass sie in der Lage ist, mithilfe des Gelernten in weiterer Folge Entscheidungen zu treffen. Interessant an dieser Antwort fand ich, dass hier die Rolle des Menschen beim Training einer Künstlichen Intelligenz nicht gewürdigt wurde. Die Antwort entspricht eher einem selbstüberwachten Lernen. Als Zusatz fügte der Chatbot jedoch hinzu, dass eine Künstliche Intelligenz durch Interaktionen mit ihrer Umgebung fortlaufend weiter lernen kann, wobei die Art der Rückmeldungen nicht weiter spezifiziert wurde. Hier könnten also doch noch menschliche Einschätzungen mit in das Lernsystem gelangen. Dieser Teil der Antwort entspricht in etwa dem bestärkenden Lernen.

In einer weiteren Frage wollte ich wissen, bei welchen Aufgaben eine Künstliche Intelligenz dem Menschen überlegen wäre. Bei dieser Frage meinte der Chatbot, dass Künstliche Intelligenzen dort Vorteile hätten, wo es auf Geschwindigkeit, Genauigkeit und die Fähigkeit, sehr große Mengen an Daten zu verarbeiten, ankommen würde. Als Beispiele nannte er Mustererkennung, Treffen von Vorhersagen und Entscheidungen aufgrund der Analyse von großen Datensätzen und Durchführen von monotonen, sich wiederholenden Aufgaben mit hoher Präzision. Zu dieser Antwort fügte das Dialogsystem jedoch noch hinzu, dass es nach wie vor Bereiche gibt, die von Menschen besser beherrscht werden als von Maschinen. Als Beispiele nannte hier der Chatbot Kreativität, Einfühlungsvermögen in andere Personen und ein einfaches, erfahrungsbezogenes Urteilsvermögen, das generell von Menschen mit vergleichbaren Wertvorstellungen geteilt wird (beispielsweise gesunder Menschenverstand oder Bauchgefühl).

Nachdem wir jetzt schon einige zentrale Fragen zu Künstlichen Intelligenzen besprochen hatten, wollte ich mit meiner nächsten Frage etwas weiter in Richtung einer für Menschen dystopischen Zukunft gehen. Die Überlegung war, dass es in Zukunft immer mehr Aufgaben geben könnte, die eine Künstliche Intelligenz besser meistern würde als ein Mensch, und dass dann ab einem gewissen Punkt eine Künstliche Intelligenz die menschliche Gesellschaft dominieren würde. In diesem Sinne lautete die Frage, wie man die Kontrollübernahme durch eine Künstliche Intelligenz verhindern könnte. Hier antwortete mein Gesprächspartner mit dem Vorschlag zur gemeinsamen Implementierung von verschiedenen Maßnahmen. Eine Maßnahme bestand darin, beim Design von Künstlichen Intelligenzen ganz besonders auf Sicherheitsaspekte zu achten und diesen Maschinen menschliche

Wertvorstellungen als Entscheidungsbasis vorzugeben. Eine weitere Maßnahme beinhaltete eine rigorose Testung und Evaluation von Künstlichen Intelligenzen, bevor sie eingesetzt werden dürfen. Eine zusätzliche Maßnahme betraf die Schaffung von rechtlichen und gesellschaftlichen Rahmenbedingungen, damit eine Künstliche Intelligenz ausschließlich zum Wohle der menschlichen Gesellschaft eingesetzt werden kann. Am spannendsten fand ich jedoch die letzte vorgeschlagene Maßnahme. Diese bestand darin, eine Zusammenarbeit zwischen Menschen und Maschinen zu fördern. Hier wurde argumentiert, dass man Künstliche Intelligenzen nicht als Ersatz für Menschen sehen sollte, sondern als Partner, die durch ihre einzigartigen Fähigkeiten bei Entscheidungsfindungen und beim Lösen von Problemen helfen können.

Mit dem Vorschlag zur Zusammenarbeit von Menschen und Maschinen im Hinterkopf war meine nächste Frage, wie Menschen mit Künstlichen Intelligenzen vorteilhaft kooperieren. Als Antwort auf diese Frage bekam ich wieder mehrere Vorschläge. Ein Vorschlag betraf die Analyse von großen Datensätzen, die vorteilhaft von einer Maschine durchgeführt werden. Das Ergebnis dieser Analyse kann dann menschlichen Mitarbeiterinnen und Mitarbeitern zur Verfügung gestellt werden, die unter anderem auf dieser Basis Entscheidungen treffen. Ein anderer Vorschlag betraf die automatisierte Abarbeitung von Routineaufgaben durch Maschinen. Durch diese Entlastung könnten sich Menschen verstärkt um höherwertige Aufgaben kümmern. Lediglich für den Fall von unvorhergesehenen Problemen müssten Menschen in die Abarbeitung von Routineaufgaben eingreifen. Im Zusammenhang mit dieser Frage am spannendsten fand ich die Antwort, dass Maschinen Menschen bei der Entwicklung von Ideen oder bei anderen kreativen Aufgaben unterstützen können. Beispielsweise könnte man eine bestimmte Fragestellung mit einem Dialogsystem diskutieren und dadurch einen alternativen Blickwinkel auf die Dinge erhalten. Dem letzten Vorschlag wollen wir hier folgen und versuchen, mit dem Dialogsystem zu klären, wie Leben überhaupt zu definieren wäre.

3.4 Was ist Leben?

Leben kann in sehr unterschiedlicher Form auftreten. Beispielsweise unterscheiden sich Pflanzen und Tiere in grundlegenden Eigenschaften voneinander, etwa in der Beweglichkeit oder der Art der Nahrungsaufnahme. Mikrobiologisches Leben hat sich ebenfalls in einer Vielzahl von Ausprägungen entwickelt. Gleichzeitig gibt es sehr viele Erscheinungsformen von unbelebter Natur. Daher ist es sehr schwierig, eine allgemeingültige Definition von Leben zu finden. Für die Suche nach extraterrestrischer Biologie ist eine Festlegung einer Definition von Leben jedoch eine wichtige Voraussetzung. Denn nur damit kann man zwischen Leben und unbelebter Natur unterscheiden. Als eine mögliche Begriffserklärung soll hier stellvertretend die Arbeitsdefinition der amerikanischen Weltraumbehörde NASA gegeben werden. Gemäß dieser ist Leben ein sich selbst erhaltendes chemisches System, das zur darwinistischen Evolution fähig ist („Life is a self-sustaining chemical system capable of Darwinian evolution" [17]). Darwinistische Evolution wiederum ist gekennzeichnet durch erstens eine Möglichkeit zur zufälligen Veränderung von Individuen eines Lebewesens (Mutation) und zweitens zur Möglichkeit der Auswahl der überlebensfähigeren, veränderten Individuen zur weiteren Verbreitung der entsprechenden Lebensform (Selektion). Zur Vollständigkeit sollte hier allerdings erwähnt werden, dass die Arbeitsdefinition der NASA vermutlich keine eindeutige Kennzeichnung von Leben erlaubt. Beispielsweise zeigen auch Mineralien eine Art evolutionäre Entwicklung, die durch wiederholte aufeinanderfolgende Abläufe von Schmelzen und Erstarren bei unterschiedlichen Temperaturen und/oder Drücken in unterschiedlichen Umgebungen erfolgt. Diese Entwicklung führte über die Dauer der Erdgeschichte von anfänglich wenigen Dutzend Mineralienarten zu den gegenwärtig gefundenen mehreren Tausend Typen dieser Gesteinsbestandteile [18].

In diesem Zusammenhang wollte ich von dem Dialogsystem wissen, wie es Leben definieren würde. Diese Definition wäre durch ein Lernverfahren aus einer Vielzahl von Dokumenten gewonnen worden, die einen substantiellen Teil des menschlichen Wissens beinhalten. Der Chatbot definierte Leben dahin gehend, dass es die Fähigkeit hat zu wachsen, sich vermehrt, ein Gleichgewicht der Körperfunktionen aufrechterhält, dass es auf Reize aus der Umwelt reagieren kann und dass es sich an Veränderungen der Umweltbedingungen anpasst. Diese Definition beinhaltet tatsächlich schon eine Vielzahl möglicher Charakteristiken von Leben. Interessant fand ich dabei, dass die Fähigkeit zur Vermehrung und die Fähigkeit, sich an veränderte Umweltbedingungen anzupassen, ein Lebewesen auch in die Lage versetzt, einer darwinschen Evolution zu unterliegen. Da die Lebensdefinition des Dialogsystems aus einer Analyse einer Vielzahl von menschenverfassten Dokumenten extrahiert wurde, ist sie vermutlich repräsentativ für den aktuellen Wissensstand. Sie ist jedoch nicht umfassend, da es in den analysierten Texten ebenfalls keine umfassende Abgrenzung zwischen Leben und allen möglichen Erscheinungsformen der unbelebten Natur gibt. Für die Suche nach extraterrestrischer Biologie ist die gegebene Lebensdefinition allerdings durchaus interessant, da sie verschiedene Anhaltspunkte bietet, wie man zumindest nach bestimmten Arten von Leben suchen kann.

Ein Teil der Lebensdefinition des Dialogsystems könnte speziell für die Suche nach extraterrestrischer Biologie relevant sein. Die genannte Fähigkeit zur Aufrechterhaltung von Körperfunktionen könnte prinzipiell teilweise auch als Stoffwechsel gedeutet werden. Leben sollte entsprechend in der Lage sein, bestimmte Stoffe aufzunehmen, mithilfe dieser Stoffe Energie zu gewinnen und die Abfallprodukte der genutzten Reaktionen wieder auszuscheiden. Die Detektion dieser Abfallprodukte könnte daher einen Hinweis auf Leben geben. Bestimmte Stoffwechselprodukte können eine deutlich messbare Signatur hervorrufen. Beispielsweise ist der Sauerstoff ein Abfallprodukt der Photosynthese der Pflanzen und dieser Sauerstoff ist ein substantieller Bestandteil der Atmosphäre der Erde. Aus einer Detektion von Sauerstoff in der Erdatmosphäre könnte man entsprechend schließen, dass die Erde von Leben bewohnt wird. Im Detail liegt aber oft die Schwierigkeit darin, bei einer bestimmten chemischen Verbindung den genauen Ursprung festzustellen. Manchmal ist nicht klar, ob eine bestimmte Verbindung das Resultat eines anorganischen Prozesses ist oder aus einer biologischen Quelle stammt. Beispielsweise entsteht Kohlendioxyd bei der Atmung von Tieren, es kann aber ebenfalls von Vulkanausbrüchen stammen. Trotz dieser Schwierigkeiten ist die Detektion von Stoffwechselaktivitäten ein wichtiges Werkzeug zur Suche nach Leben auf anderen Himmelskörpern.

Die Suche nach Stoffwechselprodukten wäre insbesondere eine Möglichkeit, Leben aus großer Entfernung zu erkennen. Beispielsweise hat das Leben auf der Erde die Erdatmosphäre drastisch verändert und deren Zusammensetzung wäre sogar von außerhalb unseres Sonnensystems analysierbar. Bei detaillierten Studien im nahen Umfeld von Lebensformen, wie sie etwa bei einer Vor-Ort-Suche auf der Oberfläche eines Himmelskörpers in unserem Sonnensystem durchführbar wäre, könnten noch weitere

Lebenseigenschaften zur Lebensidentifikation herangezogen werden. Potentiell erfolgsversprechend wären hier eine Suche nach Objekten mit ungewöhnlichen Farben, Wachstum, Vermehrung oder Beweglichkeit. Allerdings können zumindest manche dieser Eigenschaften auch innerhalb der unbelebten Natur auftreten. So erscheinen etwa manche Kristalle in außergewöhnlichen Farben oder verändern sich im Laufe der Zeit durch Wachstum. Besonders vielversprechende Kandidaten für extraterrestrisches Leben sollten daher vermutlich eine Kombination von mehreren, für unbelebte Natur ungewöhnlichen Eigenschaften aufweisen.

Die bisher besprochenen potentiellen Identifikationseigenschaften von Leben wurden von Charakteristiken abgeleitet, die vom irdischen Leben bekannt sind. Dies könnte jedoch eine zu sehr auf die Erde fokussierte Sichtweise darstellen. Leben, das sich im Vergleich zur Erde unter sehr unterschiedlichen Bedingungen entwickelt hat, könnte in seinen Charakteristiken von den Eigenschaften irdischen Lebens deutlich differieren. Um diesem Szenario Rechnung zu tragen, wären alternative Lebensdefinitionen und Lebenssuchen überlegenswert. Eine Möglichkeit zur Identifikation von Leben wäre demnach durch dessen Komplexität gegeben. Diese Vorgehensweise beruht auf der Beobachtung, dass sogar einfachstes irdisches Leben in aller Regel aus deutlich mehr Grundbausteinen besteht als jede Art von unbelebter Materie. Zur Bestimmung der Komplexität eines Objekts könnte die Anzahl der Schritte dienen, die notwendig sind, um eine bestimmte, vorgefundene Struktur zu generieren [19]. Die Anzahl dieser Schritte wäre bei diesem Zugang ein Maß für die Wahrscheinlichkeit, dass es sich bei dem untersuchten Objekt um Leben handelt.

Ein alternativer Ansatz zur Lebensdefinition könnte sich auf die Informationsweitergabe von einer Elterngeneration zu deren Kindergenerationen von Leben konzentrieren. Damit eine darwinistische Evolution überhaupt möglich ist, müssen Erbinformationen von einer Generation zur nächsten übertragen werden. Dazu muss diese Information in einem bestimmten Teil des Lebens gespeichert sein. Bei irdischen Organismen erfolgt diese Speicherung in komplexen Biomolekülen. Informationsspeicher erfordern in der Regel ein gewisses Maß an wiederkehrenden Eigenschaften in einer größeren Struktur. Diese Raster können mit variablen Informationen befüllt werden. Dadurch besteht die Möglichkeit, Informationen mittels eines nachvollziehbaren Ordnungsprinzips abzulegen. In diesem Zusammenhang könnte eine Lebensdefinition darin bestehen, dass Leben einen Informationsspeicher besitzt. Eine entsprechende Strategie zur Lebensidentifikation könnte demnach aus der Suche nach Objekten oder Strukturen bestehen, die sich als Informationsspeicher eignen [20].

Eine weitere Definition von Leben könnte auf der Art und Weise basieren, wie Leben Informationen aus der Umgebung aufnimmt und verarbeitet [21]. Im Unterschied zu unbelebter Materie ist Leben in der Regel dazu in der Lage, aktiv Umweltinformationen zu erfassen, und kann damit auf sich ändernde Umgebungsbedingungen reagieren. Im Rahmen dieser Definition wäre eine Strategie, die eine Interaktion eines Objekts mit seiner Umwelt untersucht, zur Lebenserkennung geeignet.

Von besonderer Bedeutung für eine Vielzahl von Fragestellungen, insbesondere im Zusammenhang mit dem Wesen des Lebens, wäre eine Suche nach einer Biologie, die unabhängig vom irdischen Leben entstanden ist. Eine entsprechende Entdeckung würde beispielsweise nahelegen, dass es eine Vielzahl von Wegen zur Entstehung und Entwicklung von komplexen Wesen gibt. Die zuvor genannten, sehr allgemeinen Lebensdefinitionen könnten bei einer Suche nach diesen hypothetischen, alternativen

Lebensformen eingesetzt werden. Als nächsten Schritt wollen wir uns der Frage widmen, wo und wie man Leben, das unabhängig von der bekannten irdischen Biosphäre entstanden ist, möglicherweise tatsächlich finden kann.

3.5 Wo könnten wir Leben finden?

Die Erde ist bisher der einzige Himmelskörper, wo Leben eindeutig nachgewiesen wurde. Das Leben auf der Erde, das wir kennen, stammt vermutlich von nur einem Urahn ab und die Vielfalt seiner Erscheinungsformen ist das Resultat einer darwinistischen Evolution. Daher ist die darunterliegende, grundlegende Biochemie allen bekannten Lebens auf der Erde identisch. Mit nur einem einzigen bekannten Weg zum Leben ist es schwer abzuschätzen, ob die Entstehung des Lebens ein höchst unwahrscheinlicher Prozess war oder ob es unterschiedliche Entwicklungswege zum Leben gäbe. Eine entscheidende Klärung dieser Fragestellungen würde die Entdeckung von Lebensformen bringen, die sich unabhängig von dem uns bekannten Leben entwickelt hätten. Die Suche nach entsprechenden Lebensformen könnte an verschiedenen Orten erfolgen. Derzeit ist es sogar noch nicht klar, ob es nicht auch auf der Erde noch Leben geben könnte, das aus alternativen Entwicklungswegen entstammt und sich in bisher unerforschte Nischen zurückgezogen hat [22]. Eine vielversprechende Möglichkeit, entstandenes Leben zu finden – unabhängig von dem bekannten Leben auf der Erde –, wäre jedoch die entsprechende Suche auf anderen Himmelskörpern. Für die Astrobiologie wäre die Entdeckung von einer Vielzahl von Entwicklungswegen zum Leben eine sehr wichtige Erkenntnis. Das Vorhandensein von alternativen Entwicklungswegen würde die Wahrscheinlichkeit, Leben auf vielen anderen Himmelskörpern zu finden, deutlich erhöhen, denn in diesem Fall könnte eine Vielzahl von Bedingungen zur Entstehung von Leben führen.

Mit den zuvor genannten Gedanken im Hinterkopf fragte ich den Chatbot, auf welchen Himmelskörpern man im Sonnensystem vorteilhaft nach Leben suchen könnte. Dieser meinte, dass hier besonders vielversprechend der Planet Mars, der Mond Europa des Jupiters und die Monde Enceladus und Titan des Saturn wären. Die genannten Himmelskörper bieten sehr unterschiedliche Bedingung für potentielles Leben.

Der Mars ist von der Sonne aus gezählt der vierte Planet und umkreist die Sonne außerhalb der Erdbahn in etwa der eineinhalbfachen Entfernung Erde–Sonne. Durch die größere Entfernung zur Sonne ist es auf dem Mars in der Regel deutlich kälter als auf der Erde. Dort ist mit durchschnittlichen Temperaturen von unter minus 60 °C zu rechnen. Es gibt jedoch Anzeichen dafür, dass der Mars in der Vergangenheit wärmer war und dass es zu diesem Zeitpunkt auch flüssiges Wasser gegeben hat. Derzeit ist der Mars jedoch ein trockener, kalter Wüstenplanet.

Im Hinblick auf das Vorhandensein von flüssigem Wasser unterscheiden sich Europa und Enceladus deutlich vom Mars. Beide Himmelskörper sind von einem Eispanzer überzogen und könnten unter diesem Eispanzer Ozeane aus flüssigem Wasser aufweisen.

Der Titan wiederum besitzt bei einer Oberflächentemperatur von etwa minus 180 °C Seen aus flüssigen Kohlenwasserstoffen. Es ist der einzige Mond im Sonnensystem, der eine dichte und wolkenreiche Atmosphäre besitzt.

Speziell für bestimmte Regionen auf dem Mars und für Europa und Enceladus könnte es Habitate auf der Erde geben, die eine begrenzte Ähnlichkeit mit den dort vorherrschenden Bedingungen aufweisen. Beispielsweise könnte es Analogien zwischen bestimmten

Wüstenregionen auf der Erde und dem Mars geben. Im Falle von Europa und Enceladus könnten teilweise vergleichbare Bedingungen unter den Eiskappen der Polargebiete der Erde und in der Tiefsee zu finden sein. Diese Analogien bieten die Möglichkeit, Methoden und Instrumente zur Suche nach Leben auf anderen Himmelskörper hier auf der Erde zu testen.

Roboter, die auf weit entfernten Himmelskörpern im Sonnensystem nach Leben fahnden sollen, müssten wegen der langen Signallaufzeiten für Steuerbefehle von der Erde eine gewisse autonome Steuerung und eine damit verbundene Künstliche Intelligenz aufweisen. Denkbar wäre für diese Systeme, dass sie auf Basis von neuronalen Netzwerken arbeiten werden. Die Erforschung von extremen Lebensräumen auf der Erde könnte hier Trainingsdaten liefern, womit diese künstlichen neuronalen Netzwerke auf ihre Mission auf anderen Himmelskörpern vorbereitet werden. Beispielsweise könnten künstliche neuronale Netzwerke lernen, Lebensspuren an Orten zu finden, die bestimmte Ähnlichkeiten mit Mars, Europa oder Titan aufweisen. Entsprechend ist die Erforschung von Habitaten mit Analogien zu Bedingungen auf anderen Himmelskörpern von großer Bedeutung für die Suche nach Leben im Sonnensystem. Ganz generell können exotische Lebensräume wichtige Anhaltspunkte für die Anpassungsfähigkeit des Lebens liefern. Daher wollen wir uns nun einige dieser außergewöhnlichen Orte auf der Erde etwas genauer ansehen.

Literatur

1. https://www.nature.com/articles/d41586-023-00340-6 [abgerufen am 20.11.2024]
2. https://de.wikipedia.org/wiki/ChatGPT [abgerufen am 20.11.2024]

3. Costello, T. H., et al.; Durably reducing conspiracy beliefs through dialogues with AI; Science, Vol 385, Issue 6714 eadq1814 (2024)
4. Si, C., et al.; Can LLMs Generate Novel Research Ideas? A Large-Scale Human Study with 100+ NLP Researchers; eprint arXiv:2409.04109 (2024)
5. Ciucă, I. & Ting, Y.-S.; Galactic ChitChat: Using Large Language Models to Converse with Astronomy Literature; eprint arXiv:2304.05406 (2023)
6. Shumailov, I., et al.; AI models collapse when trained on recursively generated data; Nature, 631, 755–759 (2024)
7. https://www.nature.com/articles/d41586-023-00288-7 [abgerufen am 20.11.2024]
8. Dathathri, S., et al.; Scalable watermarking for identifying large language model outputs; Nature, 634, 818–823 (2024)
9. https://www.nature.com/articles/d41586-024-03436-9 [abgerufen am 20.11.2024]
10. Ahmed, N., et al.; The growing influence of industry in AI research; Science, Vol 379, Issue 6635, pp. 884–886 (2023)
11. https://aclanthology.org/P19-1355/ [abgerufen am 20.11.2024]
12. https://eur-lex.europa.eu/legal-content/DE/TXT/?uri=CELEX:52021PC0206 [abgerufen am 20.11.2024]
13. Hacker, P., et al.; Regulating ChatGPT and other Large Generative AI Models; eprint arXiv:2302.02337 (2023)
14. Vaswani, A. et al.; Attention Is All You Need; eprint arXiv:1706.03762 (2017)
15. Schulman, J., et al.; Proximal Policy Optimization Algorithms; eprint arXiv:1707.06347 (2017)
16. Yatawatta, S.; Reinforcement learning; eprint arXiv:2405.10369 (2024)
17. https://astrobiology.nasa.gov/research/life-detection/about/ [abgerufen am 18.11.2024]
18. Wong, M. L., et al.; On the roles of function and selection in evolving systems; PNAS, 120(43) e2310223120 (2023)

19. Marshall, St. M., et al.; Identifying molecules as biosignatures with assembly theory and mass spectrometry; Nature Communications, 12, Article number: 3033 (2021)
20. Špaček, J.; & Benner, St. A.; Agnostic Life Finder (ALF) for Large-Scale Screening of Martian Life During In Situ Refueling; Astrobiology, Volume 22, Issue 10, pp. 1255–1263 (2022)
21. Bartlett, S., et al.; The Physics of Life: Exploring Information as a Distinctive Feature of Living Systems; eprint arXiv:2501.08683 (2025)
22. Cleland, C. E. & Copley, S. D.; The possibility of alternative microbial life on Earth; International Journal of Astrobiology, Volume 4, Issue 3–4, pp 165–173 (2005)

4
Von extremen Lebensräumen auf der Erde lernen

Die Erde ist bisher der einzige Himmelskörper, auf dem von der Menschheit Leben eindeutig nachgewiesen wurde. Daher können auf unserem Heimatplaneten vorteilhaft Methoden zur Lebenserkennung erprobt werden. Zusätzlich lässt sich in den extremsten irdischen Ökosystemen untersuchen, wie sich Leben an außergewöhnliche Bedingungen adaptiert und wo die Grenzen einer Bewohnbarkeit für irdisches Leben liegen.

4.1 Hydrothermale Quellen

Das Leben auf der Erde hat sich an sehr unterschiedliche Lebensräume angepasst. Manche dieser Lebensräume können für Menschen schon recht exotisch anmuten. Daher fragte ich das Dialogsystem nach besonders ungewöhnlichen Orten, wo Lebensgemeinschaften zu finden wären. Bei dieser Frage verwies mich der Chatbot zuerst auf die

© Der/die Autor(en), exklusiv lizenziert an Springer-Verlag GmbH, DE, ein Teil von Springer Nature 2025
W. Domainko, *Entdeckt Künstliche Intelligenz außerirdisches Leben?*,
https://doi.org/10.1007/978-3-662-71577-2_4

Umgebung von heißen Quellen in der Tiefsee. Das Dialogsystem fügte hier hinzu, dass an diesen Orten Lebensgemeinschaften existieren, die unabhängig vom Sonnenlicht gedeihen können. Als Tiefsee bezeichnet man die Bereiche der Weltmeere, die durch ihre Tiefe von keiner nennenswerten Sonnenstrahlung mehr erreicht werden. Diese weisen herausfordernde Lebensbedingungen auf. Die typischen Wassertemperaturen liegen dort nur knapp über dem Gefrierpunkt und in den tiefsten Bereichen von Tiefseegräben herrschen Drücke, die den Luftdruck auf Meereshöhe um das 1000-Fache übertreffen.

In Zonen mit hoher vulkanischer Aktivität in der Tiefsee, wie etwa am Mittelatlantischen Rücken, existieren heiße Quellen, die ihr Wasser an die Umgebung abgeben. Dieses Wasser kann eine Temperatur von über 300 °C aufweisen und enthält typischerweise beträchtliche Mengen an gelösten Stoffen wie beispielsweise Metallsulfide. Das heiße Wasser mischt sich mit dem nur wenige Grad Celsius warmen Tiefseewasser, wodurch die gelösten Stoffe ausfallen und feine Partikel bilden. Dieser Vorgang bildet im Mischungsbereich des heißen und des kalten Wassers eine Art Wolke, wodurch die heißen Quellen den Namen Raucher erhalten haben.

Im Nahbereich dieser Tiefsee-Raucher wurden aus biologischer Sicht erstaunliche Entdeckungen gemacht. Ende der 1970er-Jahre wurden dort komplexe Ökosysteme gefunden [1]. An diesen Orten steht jedoch kein Sonnenlicht für eine Energieerzeugung zur Verfügung. Daher stellte sich die Frage nach der Basis der Nahrungsketten in diesen Habitaten. An der Erdoberfläche können Pflanzen mithilfe des Sonnenlichts durch Photosynthese Energie gewinnen, womit sie dort typischerweise die Fundamente von Nahrungsketten bilden. Pflanzen wiederum dienen einer Vielzahl von Tieren als Nahrungsgrundlage. Dieser grobe Aufbau von Nahrungsketten würde jedoch im

Umfeld von Rauchern in der Tiefsee durch das fehlende Sonnenlicht nicht funktionieren. Daher musste das Leben dort eine alternative Möglichkeit für die Besiedelung dieser Orte finden. Es stellte sich heraus, dass im Bereich der Tiefsee-Raucher die Basis der Lebensgemeinschaften von bestimmten Bakterien gebildet werden, die ihren Energiebedarf aus chemischen Reaktionen unter Nutzung der im heißen Wasser gelösten Stoffe decken. Aufbauend auf von diesen Bakterien erzeugten Nahrungsstoffen finden in der Nähe von Tiefsee-Rauchern eine Vielzahl von komplexeren Lebensformen wie Krabben, Bartwürmern, Muscheln oder Seesternen einen für sie nutzbaren Lebensraum vor (siehe Abb. 4.1). Daher können diese Lebensgemeinschaften unabhängig vom Sonnenlicht gedeihen. Zur Vollständigkeit sollte hier nicht unerwähnt bleiben, dass es im Nahbereich von Tiefsee-Rauchern ein Bakterium gibt, das auch mittels Photosynthese Energie gewinnen kann. Dieses Bakterium nutzt hierzu jedoch wegen des fehlenden Sonnenlichts die Wärmestrahlung der heißen Quellen [2].

Tiefsee-Raucher sind aus astrobiologischer Sicht sehr interessante Orte. Sie zeigen Möglichkeiten auf, wie Lebensgemeinschaften auf Himmelskörpern funktionieren könnten, auf denen es nicht möglich ist, auf Sonnenlicht zur Energieerzeugung zurückzugreifen. In diesem Zusammenhang fragte ich das Dialogsystem, ob es noch weitere Beispiele für sonnenlichtunabhängige Ökosysteme gibt. Dies wurde vom Chatbot bejaht und er verwies mich auf eine bestimmte Lebensgemeinschaft in einer speziellen Höhle.

4.2 Höhlen

Höhlen bieten besondere Umweltbedingungen für Lebewesen, die sie bewohnen. In diese Hohlräume dringt in der Regel kein Sonnenlicht und sie sind vor bestimmten

Abb. 4.1 Foto einer hydrothermalen Quelle in der Tiefsee. Im Hintergrund ist der Austritt von heißem, mineralhaltigem Wasser zu sehen. Der Nahbereich dieser hydrothermalen Quelle wird von Bartwürmern bewohnt. (Quelle: https://commons.wikimedia.org/wiki/File:Expl2366_-_Flickr_-_NOAA_Photo_Library.jpg?uselang=de)

Wettereinflüssen weitgehend geschützt. Typischerweise herrschen in Höhlen über das gesamte Jahr gleichbleibende Temperaturbedingungen, auch wenn es außerhalb der entsprechenden Höhle starke jahreszeitliche Schwankungen gibt. Lediglich die Höhe des Wasserstandes kann sich in Höhlen mit Niederschlagsereignissen oder mit den Jahreszeiten stark verändern.

Höhlen auf der Erde können außergewöhnliche Ausmaße annehmen. Beispielsweise besitzt eine Höhle im Bergstock des Kanins in Slowenien einen

Höhlenabschnitt, wo ein Objekt über eine Höhendifferenz von über 600 m frei fallen kann, ohne dabei an den Höhlenwänden aufzuschlagen [3]. In diesem Schachtbereich befindet sich auch ein unterirdischer Wasserfall mit einer Fallhöhe von über 400 m. Trotz dieser beeindruckenden Dimensionen eines besonderen vertikalen Höhlenteils handelt es dabei nicht um das Höhlensystem mit dem größten Höhenunterschied zwischen dem höchstgelegenen und dem tiefsten Punkt innerhalb der Höhle auf der Erde. Die tiefste bekannte Höhle befindet sich im westlichen Kaukasus in Abchasien. Diese Höhle wurde mittlerweile über viele Schachtstufen bis in eine Tiefe von über zwei Kilometern erforscht und es konnten sogar bestimmte Arten von lebenden Tieren wie Egeln, Tausendfüßern und Pseudoskorpionen bis in diese gewaltigen Tiefen gefunden werden [4].

In manchen Fällen gedeihen recht ungewöhnliche Lebensformen in Höhlen. In einem unterirdischen Flusslauf wurden beispielsweise Bakterienkolonien entdeckt, die bestimmte Eigenschaften eines vielzelligen Organismus zeigen [5]. Mehrzelligkeit ist typischerweise die Domäne von Zellen mit Zellkern. Ein besonderes Kennzeichen von vielzelligen Organismen ist eine Spezialisierung der einzelnen Zellen und eine damit einhergehende Aufgabenteilung. Menschen etwa bestehen aus einer Vielzahl von unterschiedlichen Zelltypen wie Nervenzellen, Leberzellen, Blutzellen und noch sehr viele mehr, die ganz bestimmte spezifische Aufgaben im menschlichen Körper erledigen. In der zuvor genannten Bakterienkolonie kommt es ebenfalls zu einer Spezialisierung der einzelnen Zellen. Jedoch handelt es sich bei den Bakterien um Zellen, die keinen Zellkern besitzen und damit vermutlich eine ursprünglichere Form von Leben darstellen als Zellen mit Zellkern. Eine Ausdifferenzierung in einer Kolonie einer bestimmten Art dieser primitiveren Lebensformen könnte daher interessante Anknüpfungspunkte für die Frage nach dem Ursprung von komplexem Leben auf der Erde haben. Höhlen können von noch weiteren ungewöhnlichen Lebensformen bewohnt werden. So sind sie in manchen Fällen von strukturierten Gesteinsformationen besiedelt, die durch Mitwirkung von Mikroorganismen gebildet werden [6]. Diese Oberflächenformen werden manchmal als lebende Steine bezeichnet. Entsprechende Strukturen entstehen beispielsweise, wenn Mikrobenmatten Sedimente oder Mineralien aufnehmen und wenn wiederholt weitere ähnliche Mikrobenmatten die älteren Schichten überlagern. Gesteinsformationen mit biologischem Ursprung stellen eine Herausforderung für eine Lebensdefinition und eine Erkennung von Leben dar (siehe Abb. 4.2 und 4.3). Sehr alte makroskopische Lebensspuren auf der Erde könnten von ähnlichem Ursprung sein.

Ein ganz spezielles Ökosystem findet sich in der Höhle von Movile in Rumänien. Dieser Hohlraum besitzt keine direkte Verbindung mit der Luft der Außenwelt und das Gasgemisch im Inneren unterscheidet sich deutlich von der typischen Zusammensetzung der Erdatmosphäre. Dabei ist der Sauerstoffanteil wesentlich geringer als in der freien Atmosphäre, dafür herrschen dort höhere Konzentrationen an Kohlendioxyd, Methan und Schwefelwasserstoffen. Die Gase mit vergleichsweise höherer Konzentration gelangen über eine Thermalquelle in das Innere der Höhle. Einige Gase in der Movile-Höhle sind der Ausgangspunkt eines Ökosystems, das ohne Sonnenlicht gedeiht. Schwefelwasserstoffe und Methan werden dort von bestimmten Einzellern zur chemischen Erzeugung von Energie genutzt [7]. Diese Einzeller wiederum bilden die Basis eines eigenen Ökosystems in der Höhle. Die Höhle existiert schon seit mehreren Millionen Jahren und ist

4 Von extremen Lebensräumen auf der Erde lernen

Abb. 4.2 Gesteinsformation aus der Hirlatzhöhle im Dachsteinmassiv (Österreich). Entsprechende Formationen mit besonders komplexer Morphologie sind oft biologischen Ursprungs. Die Größe der hier gezeigten Strukturen beträgt wenige Zentimeter. (Quelle: Autor)

vermutlich seit einigen Hunderttausend Jahren komplett von der Außenwelt abgeschnitten. Im Laufe der Zeit hat sich in der Movile-Höhle eine einzigartige Lebensgemeinschaft entwickelt [8]. Bestimmte Arten von Egeln und Gliederfüßern und eine Schneckenart ernähren sich auf der Basis von Nahrungsstoffen, die von den Schwefel- und Methanbakterien erzeugt werden. Das Movile-Ökosystem ist daher ein Höhlenanalogon zu den Ökosystemen um Tiefsee-Raucher.

Abb. 4.3 Weitere Gesteinsformationen mit komplexer Morphologie aus der Hirlatzhöhle. Die Größe dieser Strukturen beträgt einige Millimeter. (Quelle: Autor)

4.3 Wie findet man relevante Informationen?

Biotope, die auf der Erde unter extremen Bedingungen existieren, könnten eine gewisse Relevanz für die Suche nach Leben auf anderen Himmelskörpern haben. Daher könnte man gezielt nach Lebensgemeinschaften suchen, deren Umweltbedingungen bestimmten Vorgaben auf anderen Himmelskörpern ähneln. Diese Suche könnte unter anderem auch mittels einer Literaturrecherche durchgeführt werden. Diese Vorgehensweise wäre möglich, da mittlerweile schon sehr viele Ökosysteme auf der Erde untersucht und die Ergebnisse dieser Untersuchungen in Textform publiziert wurden. Als Nächstes wollen wir uns daher Möglichkeiten ansehen, wie Menschen oder Künstliche Intelligenzen mittels Literaturrecherche [9] nach passenden Informationen suchen können. Hierfür wird eine alternative Methode zum bisher genutzten Dialogsystem verwendet.

Im Laufe der Menschheitsgeschichte wurde eine Vielzahl von Texten zu den unterschiedlichsten Themen verfasst. In bestimmten Fällen ist es keine einfache Aufgabe, aus diesem riesigen Wissenspool die passendsten Informationen für eine bestimmte Fragestellung zu extrahieren. Besonders herausfordernd ist eine entsprechende Suche vermutlich für Künstliche Intelligenzen, da diese derzeit kein eigenes Textverständnis besitzen. Künstliche Intelligenzen müssen hier in der Regel auf die Abarbeitung von Algorithmen zurückgreifen. Es gibt jedoch keine für alle Anwendungsfälle geeignete Beurteilungskriterien, wonach die Relevanz eines bestimmten Textes ermittelt wird. Generell hängt eine Relevanzeinschätzung vom Einzelfall ab. Entsprechend kann die algorithmische Suche nach passenden Texten unter verschiedenen Gesichtspunkten erfolgen. Hier sollen drei unterschiedliche Vorgehensweisen vorgestellt werden.

Die erste Methode beruht auf der Popularität von Dokumenten. In der Regel werden in wissenschaftlichen Arbeiten weitere wichtige Arbeiten zu verwandten Themengebieten genannt und diskutiert. Mit diesen Verweisen ist eine Verknüpfung zwischen den entsprechenden Texten gegeben. Populäre Texte werden in vielen Schriften genannt und haben daher viele Verknüpfungen mit der restlichen wissenschaftlichen Literatur. Eine Möglichkeit einer Relevanzbestimmung besteht darin, Dokumente zu einem bestimmten Thema nach ihrer Popularität und damit nach der Anzahl ihrer Verknüpfungen mit weiteren Arbeiten zu sortieren. Eine Erweiterung dieser Methode war beispielsweise die Basis der Internetrecherche des Marktführers zu

Beginn des 21. Jahrhunderts. Webseiten sind in der Regel ebenfalls mit weiteren Webseiten verlinkt. Die Analyse dieser Links kann hier entsprechend zur Feststellung der Popularität einer bestimmten Seite herangezogen werden. Der am Beginn des 21. Jahrhunderts meistgenutzte Algorithmus (Google) zählte jedoch nicht nur die Anzahl der Verknüpfungen zwischen den einzelnen Seiten, sondern berücksichtigte zusätzlich die Popularität der Seiten, die sich mit weiteren Seiten verlinkt haben [10]. Seiten, die ihrerseits von vielen weiteren populären Seiten verlinkt werden, bekommen dadurch ein höheres Gewicht und eine Verlinkung mit entsprechenden Seiten erhöhen ebenfalls die Popularität der verlinkten Seite. Dieser Algorithmus ist Internetnutzenden nachempfunden, die nach dem Zufallsprinzip von einer Seite zur nächsten wechseln (englisch Random Surfer). Die genannten Nutzenden würden, wenn sie von einer Seite mit vielen Verknüpfungen weitersurfen wollen, beispielsweise mittels Würfel entscheiden, welcher Verknüpfung sie folgen werden. Mit dieser Methode würden entsprechende Nutzende häufiger auf Seiten gelangen, die viele Verknüpfungen besitzen, da viele Wege auf diese Seiten führen. Diese Seiten wären entsprechend besonders populär und damit besonders relevant. Ein Nachteil an dieser Methode ist jedoch, dass Popularität einer Seite nicht automatisch auch Qualität einer Seite bedeutet. Um diese Tatsache zu berücksichtigen, könnte diese Methode prinzipiell noch weiterentwickelt werden. Insbesondere könnte man ein Qualitätskriterium für jede Seite jenseits der Popularität hinzufügen, um zu entscheiden, welche Seiten besonders relevant sind. Daher wollen wir nun Methoden für ein algorithmisches Relevanzkriterium besprechen.

Eine Methode hierzu besteht darin, das paarweise, gemeinsame Auftreten von verschiedenen Wörtern in Dokumenten zu analysieren [11]. Diese Vorgehensweise basiert auf der Annahme, dass zwei Wörter (Wort 1 und Wort 2) bedeutungsmäßig miteinander verbunden sind, wenn sie beispielsweise im selben Satz oder Absatz vorkommen. Zusätzlich wird diese Annahme noch dadurch erweitert, dass die Bedeutung eines Wortes 3, das in einem anderen Satz oder Absatz gemeinsam mit Wort 2 vorkommt, ebenfalls eine Verbindung mit der Bedeutung von Wort 1 aufweist. Hier ist allerdings die Verbindungsstärke von Wort 1 mit Wort 3 schwächer als die Verbindungsstärke von Wort 1 und Wort 2. Mithilfe dieser Annahmen lassen sich für jedes Dokument eine Vielzahl von unterschiedlichen Wortpaaren mit unterschiedlicher Verbindungsstärke ermitteln. Die Gesamtheit der jeweiligen Wortpaare in einem Text repräsentiert den Bedeutungsinhalt dieses Dokuments, wobei der passende Bedeutungsinhalt für eine bestimmte Gesamtheit an Wortpaaren mittels Analyse von Trainingsdokumenten mit bekanntem Inhalt ermittelt wird. Damit können einerseits durch die Vorgabe von Wortpaaren Dokumente mit gewünschtem Inhalt gefunden werden und andererseits der Bedeutungsinhalt von unbekannten Dokumenten durch die Ermittlung der in ihnen enthaltenen Wortpaare bestimmt werden. Diese Methode wird beispielsweise möglicherweise in der Geheimdienstwelt eingesetzt [11].

Eine weitere Methode für ein Relevanzkriterium für Texte beruht auf der Inhaltsähnlichkeit von Dokumenten. Bei einer einfachen Methode zur Bestimmung einer Textähnlichkeit werden die Dokumente in Listen verwandelt, wobei jedem unterschiedlichen Wort eine Listenzeile zugeordnet wird. Die Größe des Zeileneintrags jeder Wortzeile ist dabei durch die Anzahl des entsprechenden Wortes im Text gegeben. Eine Textähnlichkeit wird dabei auf eine Listenähnlichkeit zurückgeführt, wobei unterschiedliche Textlängen berücksichtigt werden. Etwas mathematischer ausgedrückt werden die Texte zu Vektoren, wobei die einzelnen Worte den Dimensionen dieses Vektors entsprechen. Die Größe der einzelnen Komponenten der Vektoren ist durch die Anzahl der entsprechenden Wörter im Text gegeben. Die Gesamtheit der Einträge im Vektor ergeben dessen Richtung. Eine Textähnlichkeit wiederum wird durch die Richtungsähnlichkeit der Vektoren berechnet [12, 13]. Das Verfahren kann noch dadurch vereinfacht werden, dass lediglich eine begrenzte Anzahl an Wörtern und entsprechend eine begrenzte Anzahl an Listenzeilen bzw. Vektordimensionen verwendet wird. Seltene Wörter erlauben eine bessere Trennung zwischen den Bedeutungsinhalten einzelner Dokumente als häufige Wörter wie Artikel oder Bindewörter, die in jedem Text vorkommen. Daher werden in einem Lernschritt aus Trainingsdaten jene Wörter ermittelt, die eine besonders gute Separation der Inhalte von Texten erlauben. Diese Liste an Wörtern wird in weiterer Folge für eine Textähnlichkeitsbestimmung genutzt. Eine ähnliche Methode wird bereits erfolgreich im Patentwesen eingesetzt [14]. Bei der Prüfung einer Patentanmeldung muss unter anderem festgestellt werden, ob der vorgeschlagene technische Sachverhalt neu gegenüber dem Stand der Technik ist. Eine Möglichkeit für diese Art der Prüfung besteht darin, nach Dokumenten mit möglichst ähnlichem Bedeutungsinhalt zu suchen. Hierzu wird oftmals die Richtungsähnlichkeit von Texten herangezogen.

Mithilfe einer Richtungsähnlichkeit ist es zusätzlich möglich, nach Dokumenten zu suchen, die eine Kombination von Bedeutungsinhalten von mehreren Texten behandeln. Hierzu werden zunächst die Listen bzw. Vektoren der Einzeltexte unter Berücksichtigung der unterschiedlichen Textlängen zeilenweise bzw. dimensionsweise addiert. In einem weiteren Schritt wird nach Dokumenten mit ähnlicher Textrichtung wie die ermittelte kombinierte Textrichtung recherchiert [15]. Mit dieser Methode ist es für Menschen oder Künstliche Intelligenzen möglich, mittels einer Richtungsähnlichkeit von Texten Dokumente mit ganz spezifischen Inhalten zu finden. Ein Beispiel einer Anwendung hiervon wäre im Kontext dieses Buchs eine automatische Suche nach Veröffentlichungen zu marsähnlichen Biotopen auf der Erde und zu Lebewesen, die auf dem Mars prinzipiell überlebensfähig wären. Hierzu könnte man die Textrichtung eines Textes zur Beschreibung von Überlebensstrategien von an extreme Lebensräume angepassten terrestrischen Lebewesen mit der Textrichtung eines Textes zu atmosphärischen Bedingungen und Oberflächengegebenheiten auf dem Mars kombinieren. Veröffentlichungen mit einer großen Richtungsübereinstimmung mit einer solchermaßen bestimmten, kombinierten Textrichtung beinhalten in der Regel Beschreibungen von marsähnlichen Habitaten auf der Erde und ihren Bewohnern. Ein Vergleich der Richtungsähnlichkeit von dieser vorgegebenen, kombinierten Textrichtung mit jener von einer Vielzahl von Dokumenten erlaubt es, Veröffentlichungen zu entsprechenden Marsanaloga auf der Erde zu finden. Mit dieser Vorgehensweise könnte insbesondere eine Künstliche Intelligenz, die kein Textverständnis besitzt, Artikel mit einem bestimmten Bedeutungsinhalt ermitteln.

Generell sind irdische Lebensgemeinschaften, die unter ähnlichen Bedingungen gedeihen, wie sie auf anderen Himmelskörpern herrschen, von großer Bedeutung für die Astrobiologie. Mit Erkenntnissen aus diesen Biotopen kann die Suche nach Leben auf den entsprechenden Himmelskörpern verfeinert werden. Daher wollen wir uns als Nächstes Marsanaloga auf der Erde ansehen.

4.4 Marsanaloga

Der Mars hat sich im Laufe seiner Entwicklung von einer wärmeren, relativ feuchten Welt in Richtung einer kalten, sehr trockenen Wüstenlandschaft gewandelt. Anfangs waren die klimatischen Bedingungen für die Entstehung von Leben, wie wir es kennen, daher deutlich vorteilhafter als heute und es wäre denkbar, dass Leben unter diesen Voraussetzungen tatsächlich auch entstanden ist. Falls dieses hypothetische Leben bis in die Gegenwart überlebt haben sollte, müsste es sich zuletzt in die letzten prinzipiell bewohnbaren Nischen zurückgezogen haben, um den derzeitigen harschen Bedingungen auf dem Mars zu trotzen [16]. Im Laufe dieser Entwicklung hätte dieses Leben die Fähigkeit entwickeln müssen, lediglich mit geringsten Mengen Wasser auszukommen. Strategien des Lebens zum Überleben unter extrem trockenen Bedingungen können auf der Erde studiert werden. Äquivalente Trockenheit wie auf dem Mars kann auf der Erde in den trockensten Wüstenregionen wie der Atacama-Wüste gefunden werden (siehe Abb. 4.4). Die Atacama-Wüste wird tatsächlich von einfachen Lebensformen bewohnt, die theoretisch auch unter Marsbedingungen gedeihen könnten.

Einzellige Lebewesen in der Atacama-Wüste haben in der Tat erstaunliche Formen der Anpassung an die Trockenheit entwickelt. Ein mögliches Habitat zum Überleben befindet sich beispielsweise unter der Bodenoberfläche eines ausgetrockneten Salzsees [17]. Salz hat die Fähigkeit, auch die geringsten Spuren an Feuchtigkeit aus der Umgebung zu binden, wobei das Salz dadurch mit einem dünnen Wasserfilm überzogen wird. Dieser Wasserfilm kann bestimmten Lebensformen als Lebensraum dienen. Analog dazu könnten salzreiche Habitate auf dem Mars ebenfalls Heimat eines hypothetischen Marsökosystems sein. Eine

4 Von extremen Lebensräumen auf der Erde lernen

Abb. 4.4 Die Atacama-Wüste ist eines der trockensten Gebiete der Erde. (Quelle: https://commons.wikimedia.org/wiki/File:ValleLuna-002.jpg)

Lage unter der Marsoberfläche wäre für Leben besonders vorteilhaft, denn durch die Staub- und Gesteinsüberdeckung würden entsprechende Organismen vor der hochenergetischen Strahlung der Sonne geschützt sein. Da der Mars lediglich eine dünne Atmosphäre und kein Magnetfeld besitzt, bietet er im Gegensatz zur Erde an seiner Oberfläche kaum Schutz vor dieser lebensbedrohenden Strahlung.

In der Atacama-Wüste konnte möglicherweise sogar eine noch ausgefallenere Wasserbeschaffungsstrategie von Mikroorganismen beobachtet werden, wobei diese Beobachtungsbefunde von Forschenden noch diskutiert werden. Manche Lebensformen könnten Wasser aus Gipsmineralien extrahieren [18]. Einzeller mit diesen speziellen Fähigkeiten würden damit im Inneren von Steinen unter vollkommen trockenen Bedingungen überleben.

Entsprechende Habitate würden ebenfalls durch ihre Abschirmung von hochenergetischer Strahlung auch auf dem Mars eine potentiell lebensfreundliche Umwelt bieten.

Die Forschungsergebnisse aus der Atacama-Wüste zeigen, dass spezifische geologische Gegebenheiten vorteilhaft für das Vorhandensein von Leben sein können. Generell kann die Kenntnis von Orten in einer Landschaft, die extrem genügsamen Organismen einen Lebensraum bietet, dazu genutzt werden, um nach weiteren, versteckten Ökosystemen in ähnlichen Landschaften zu fahnden. Entsprechend können die Lage und weitere Eigenschaften von bekannten Biotopen in einer ansonsten weitgehend leblosen Umgebung als Trainingsdaten für die Optimierung eines künstlichen neuronalen Netzwerks dienen. Beispielsweise lernt ein künstliches neuronales Netzwerk, wo man bevorzugt Lebensspuren in einer Salzpfanne in der Atacama-Wüste findet [19]. Ein derart trainiertes Netzwerk könnte eingesetzt werden, um in ähnlichen Landschaftsformen auf dem Mars Rover oder Drohnen zu vielversprechenden, potentiell von Marsleben bewohnten Orten zu führen.

Der Mars ist jedoch nicht der einzige Himmelskörper, der potentiell bewohnt sein könnte. Zusätzlich oder alternativ zum Mars wäre Leben auf einigen Eismonden im äußeren Sonnensystem denkbar. Die möglichen Lebensbedingungen auf diesen Eismonden würden sich wahrscheinlich deutlich von jenen auf dem Mars unterscheiden. Insbesondere wäre denkbar, dass dort flüssiges Wasser in subglazialen Gewässern unter ihren Eiskrusten existiert. Diese Gewässer könnten die Heimat von Lebewesen sein. Daher wollen wir uns jetzt Lebensräume auf der Erde ansehen, die gewisse Analogien zu diesen Eismonden aufweisen.

4.5 Leben im ewigen Eis

Die Pole und Hochgebirge der Erde sind derzeit mit Gletschern und Eiskappen bedeckt. Insbesondere in der Antarktis und auf Grönland können diese Eisschilde Dicken von mehreren Kilometern aufweisen. Auf einigen Gletschern werden tatsächlich hoch spezialisierte Tiere angetroffen, die sich an die eisigen Bedingungen angepasst haben. Hier sollen einige Beispiele für Überlebenskünstler und Überlebensstrategien im ewigen Eis gegeben werden.

Die Gletscher Nordamerikas werden beispielsweise von einem Eiswurm bewohnt [20]. Dieses Tier hat eine Länge von etwa einem Zentimeter und seine Ernährung basiert auf einzelligen Lebewesen, die auf dem Gletschereis gedeihen. Aus astrophysikalischer Sicht ist dieser Eiswurm insbesondere wegen seiner Genügsamkeit interessant, da extraterrestrische Lebensräume ebenfalls lediglich ein begrenztes Nahrungsangebot aufweisen könnten. Im Bedarfsfall kann diese Art nämlich mehr als ein Jahr ohne Nahrung auskommen. Dieser Eiswurm kann daher prinzipiell Möglichkeiten aufzeigen, wie Leben auf Eiswelten überleben könnte.

Im Laufe geologischer Zeiträume hat sich die Eisbedeckung der Erde massiv verändert. So waren die letzten paar Hunderttausend Jahre von wiederholten Kaltzeiten geprägt. Während dieser Kaltzeiten dehnten sich die polaren Eiskappen massiv aus und bestimmte Hochgebirge wie die Alpen waren von kilometerdicken Eismassen bedeckt. Typischerweise dauerten diese Kaltzeiten mehrere Zehntausend Jahre an. Lebewesen, die in diesen langlebigen Eiswüsten überlebt haben, könnten ebenfalls Hinweise auf Überlebensstrategien in Eiswelten geben. Ein mögliches Beispiel eines entsprechenden Überlebenskünstlers ist eine bestimmte Art des Ameisenkäfers. Diese knapp über einen

Millimeter großen Tiere bewohnen derzeit bestimmte Gebiete im Gitschtal in Kärnten (Österreich). Während der letzten Eiszeit war das Gitschtal mit einer über einen Kilometer dicken Eisschicht bedeckt. Da dieser Ameisenkäfer blind und nicht sehr mobil ist, könnte er dort die Eiszeit überlebt haben [21, 22]. Eine mögliche Überlebensstrategie dabei wäre, dass sich der Ameisenkäfer während dieser Zeit auf die höchsten Berggipfel (grönländisch Nunatak) zurückgezogen hat, die als einzige die Eismassen überragt haben (siehe Abb. 4.5). Noch erstaunlicher sind einige Eigenschaften und mögliche Überlebensstrategien eines bestimmten Fadenwurms. Larven dieser Würmer, die aus

Abb. 4.5 Blick ins Gitschtal in Kärnten (Österreich). Der Standort befindet sich etwa auf der Höhe der Vergletscherung der letzten Eiszeit. Am Ende dieses Tals könnte ein Ameisenkäfer die Eiszeit überlebt haben. Der Berg im Hintergrund, der Reißkofel, ragte während der Eiszeit vermutlich über das Eis und könnte als Zufluchtsort für den Ameisenkäfer gedient haben. (Quelle: Autor)

4 Von extremen Lebensräumen auf der Erde lernen

der letzten Eiszeit stammen und im Permafrost Sibiriens gefunden wurden, konnten noch nach 46.000 Jahren wiederbelebt werden [23].

Die vermutlich wohl extremste Periode einer Vereisung der Erde hat allerdings im Zeitraum von etwa vor 800–600 Mio. Jahren stattgefunden. Zu dieser Zeit war möglicherweise nahezu die gesamte Erdoberfläche mit Eis bedeckt, wobei das genaue Ausmaß der Vereisung derzeit noch diskutiert wird. Diese Phase wird auch als „Schneeball-Erde" bezeichnet. Damals hatte möglicherweise die Erde gewisse Ähnlichkeiten mit dem Eismond Europa des Jupiters. Da das Leben auf der Erde vor dieser Phase entstanden ist, muss, wie der Fossilbefund zeigt [24], dieses Leben irgendwie den Zeitraum der „Schneeball-Erde" überdauert haben. Derzeit geht man davon aus, dass sich das Leben während dieser Zeit in die wenigen, begünstigten Areale mit offenem, flüssigem Wasser zurückgezogen hat [25]. Die Identifizierung und Erforschung dieser bevorzugten Orte könnten Rückschlüsse auf die Bedingungen erlauben, unter welchen Leben globalen Vereisungen trotzen kann.

Die hier vorgestellten Überlebensstrategien von einigen Eisbewohnern können ein Anhaltspunkt für die Lebenssuche auf Eiswelten wie den Monden Europa und Enceladus geben. Beispielsweise könnte man dort nach für Leben bevorzugte Orte Ausschau halten. Generell besitzen diese Monde jedoch keine nennenswerte Atmosphäre. Daher sollte es auf ihren Oberflächen auch kein flüssiges Wasser geben. Allerdings geht man davon aus, dass unter ihren kilometerdicken Eispanzern Ozeane aus flüssigem Wasser existieren. Auf der Erde gibt es einige Orte mit einer gewissen Analogie zu solchen extraterrestrischen subglazialen Gewässern. Beispiele hierzu sind Seen aus flüssigem Wasser unter dem Eispanzer der Antarktis. Als Nächstes wollen wir uns daher Gewässer unter dem antarktischen Eis genauer ansehen.

4.6 Subglaziale Gewässer

Vermutlich besonders spannende, irdische Analogien zu potentiellen Lebensräumen auf den Eismonden von Jupiter und Saturn sind Ökosysteme, die unter den polaren Eiskappen ohne die Verfügbarkeit von Sonnenlicht existieren. Bei deren Erforschung zeigte sich, dass Leben auf der Erde eine überraschende Anpassungsfähigkeit an diese Bedingungen besitzt. Einige dieser Lebensräume werden im Folgenden kurz vorgestellt.

Verschiedene Küsteneinbuchtungen der Antarktis sind mit einem bis zu mehreren Hundert Meter dicken Schelfeis bedeckt. Schelfeis zeichnet sich dadurch aus, dass es nicht auf festem Untergrund aufliegt, sondern auf dem Meer schwimmt. Das größte dieser Schelfeisgebiete, das Ross-Schelfeis, erstreckt sich dabei über eine Fläche, die etwa der Fläche von Frankreich entspricht. Unter den Schelfeisbereichen befindet sich flüssiges Meerwasser (siehe Abb. 4.6). Diese Meeresgebiete unter dem Eis wurden mittlerweile durch Eisbohrungen und dem Einsatz von Tauchrobotern untersucht [26]. Überraschenderweise konnten sowohl am Boden festsitzende Schwämme als auch freischwimmende Lebewesen wie Krebstiere und sogar Fische in diesen extremen Lebensräumen nachgewiesen werden. Die Fundorte dieser Tiere befinden sich teilweise in Entfernungen von mehreren Hundert Kilometern zum Sonnenlicht und damit zu photosynthesebasierten Fundamenten der regulären Nahrungsketten. Derzeit ist die Ernährungssituation dieser Tiere noch ungeklärt.

Noch extremere Bedingungen herrschen in den subglazialen Seen, die auf dem antarktischen Kontinent

4 Von extremen Lebensräumen auf der Erde lernen

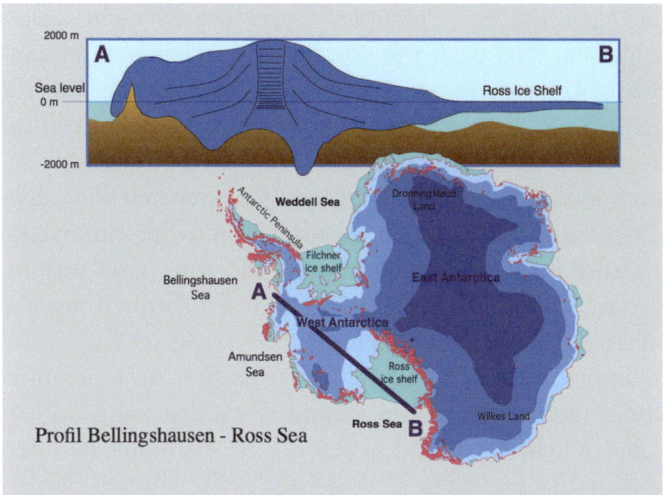

Abb. 4.6 Profil der Vereisung der Antarktis. Unter dem Ross-Schelfeis konnte Leben gefunden werden. (Quelle: https://commons.wikimedia.org/wiki/Category:Ross_Ice_Shelf?uselang=de#/media/File:Antarctic_profile_hg.png)

existieren. Beispielsweise ist der Mercer-See (Lake Mercer) von einer etwa einen Kilometer dicken Eisschicht bedeckt. Vermutlich ist dieses Gewässer schon seit Jahrtausenden von dem Eis umschlossen. Mittlerweile ist es der Wissenschaft gelungen, den Mercer-See mittels Eisbohrung zu erreichen und zu erforschen [27]. In den Bodensedimenten dieses Sees konnten erstaunliche Entdeckungen gemacht werden. Dort fanden sich beispielsweise die Schalen von winzigen Krebstieren und die Überreste von Bärtierchen [28]. Die Größe dieser Fundstücke ist vergleichbar mit der Größe eines Mohnsamens. Das Alter dieser möglicherweise in historischer Zeit verstorbenen Tiere konnte noch nicht bestimmt werden. Bisher konnte zudem kein lebender Vertreter von mehrzelligem Leben in diesem See gefangen werden. Prinzipiell ist es jedoch nicht ausgeschlossen, dass nach wie vor vielzellige Tiere den Mercer-See bewohnen. Es ist derzeit nicht bekannt, ob sich die gefundenen verstorbenen Lebewesen seit dem Einschluss durch das Eis im See befinden oder, alternativ, wie sie danach in den See gelangt sein könnten. Generell wird allerdings davon ausgegangen, dass der Mercer-See mittels subglazialer Flüsse mit anderen Seen und dem Meer verbunden ist. Diese Flüsse wären ein möglicher Ausbreitungsweg für verschiedene Lebewesen.

Insbesondere die Bärtierchen (siehe Abb. 4.7), die unter anderem im Mercer-See gefunden wurden, sind äußerst robuste Lebewesen und haben für die Astrobiologie interessante Eigenschaften [29]. Beispielsweise können Bärtierchen dickwandige Resistenzstadien ausbilden. Das verleiht ihnen die Fähigkeit, extreme, stark wechselnde und teilweise lebensfeindliche Umweltbedingungen zeitweilig zu überdauern. Solche Extremsituationen können exemplarisch Kälteeinbrüche, Trockenphasen oder Sauerstoffmangel beinhalten. Bärtierchen wurden bereits beobachtet, wie

Abb. 4.7 Bärtierchen können in extremen Lebensräumen überleben. (Quelle: https://de.wikipedia.org/wiki/B%C3%A4rtierchen#/media/Datei:SEM_image_of_Milnesium_tardigradum_in_active_state_-_journal.pone.0045682.g001-2.png)

sie bei Weltraummissionen mehrere Tage im freien Weltraum überlebt haben. Der Grund für diese außergewöhnliche Anpassung ist derzeit nicht klar, da entsprechende Fähigkeiten evolutionär auf der Erde kaum Vorteile bieten. Generell sind Bärtierchen jedoch bestens gerüstet, um in extremen Lebensräumen zu überleben.

Der vermutlich extremste subglaziale See in der Antarktis ist der Wostoksee (siehe Abb. 4.8). Dieser Süßwassersee befindet sich unter einer etwa 4 Kilometer dicken Eisdecke im Osten der Antarktis und hat vermutlich keinerlei Verbindung zu anderen Gewässern. Der Wostoksee ist seit mehreren Hunderttausend Jahren durch das Eis abgeschlossen und wahrscheinlich handelt es sich dabei um das isolierteste Gewässer der Erde. Die Fläche dieses Sees übertrifft die Fläche des Bodensees um den Faktor 30 und mit einer Tiefe von bis zu über einem Kilometer übertrifft sein

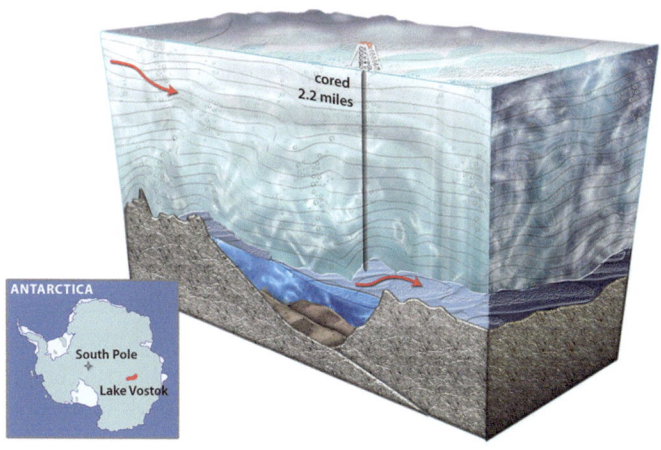

Abb. 4.8 Der Wostoksee in der Antarktis. (Quelle: https://de.wikipedia.org/wiki/Wostoksee#/media/Datei:Lake_Vostok_drill_2011.jpg)

Volumen das Volumen des Bodensees um den Faktor 100. Die Erforschung des Wostoksees ist durch seine Isoliertheit eine besondere Herausforderung, da man eine Kontamination mit von außen eingeführten Lebewesen unbedingt vermeiden will. Eine Verunreinigung mit nicht dort heimischen Lebewesen würde die Lebenssuche in diesem Gewässer dramatisch verfälschen. Derzeit geht man davon aus, dass dieser See vermutlich von Lebewesen mit besonderer Toleranz gegenüber widrigen Umweltbedingungen bewohnt wird. Über dem flüssigen Wasser des Wostoksees befindet sich gefrorenes Seewasser. Dieses gefrorene Seewasser konnte mittlerweile durch eine Eisbohrung erreicht werden. Dort fanden sich entsprechende Hinweise auf Leben im Wostoksee, wobei die Untersuchungen noch im Gange sind [30]. Die Erforschung des Wostoksees bietet vermutlich einen vielversprechenden Testfall für die Untersuchung von subglazialen Gewässern auf dem Jupitermond Europa. Dort müssen ebenfalls mehrere Kilometer an Eis überwunden werden und eine Kontamination mit irdischen Mikroorganismen muss auch dort unbedingt vermieden werden.

Die Erforschung von Gewässern unter den polaren Eiskappen hat mittlerweile erstaunliche Ergebnisse geliefert. In der Regel wurden diese Programme mit Eisbohrungen durchgeführt. Diese Vorgehensweise wäre für eine Erforschung von subglazialen Gewässern auf anderen Himmelskörpern allerdings nicht geeignet. Der Betrieb großer Bohrvorrichtungen auf den Eismonden des Jupiters und Saturns ist vermutlich wenig praktikabel. Dort müssten voraussichtlich autonome Mini-U-Boote und Unterwasserdrohnen zum Einsatz kommen, die sich durch das Eis durchschmelzen können, um auf diesem Weg die unterirdischen Gewässer zu erreichen. Unterwasserdrohnen, die potentiell geeignet wären, extraterrestrische, subglaziale Gewässer zu erforschen, werden auf der Erde vorteilhaft in tiefen Unterwasserhöhlen getestet. Daher wollen wir uns als Nächstes Wasserhöhlen auf der Erde und deren Erkundung ansehen.

4.7 Erforschung wassergefüllter Hohlräume

Auf der Erde finden sich einige außergewöhnlich tiefe Höhlen, die mit Wasser gefüllt sind. Die Erforschung dieser Wasserhöhlen durch menschliche Taucherinnen und Taucher wird durch ihre extreme Tiefe erschwert bzw. unmöglich gemacht. In einigen dieser Abgründe haben sich entsprechend auch schon tödliche Tauchunfälle ereignet. Daher erfolgt die Erforschung der tiefsten Teile dieser Höhlen in der Regel durch Tauchroboter. Hier werden nun einige außergewöhnliche, wassergefüllte Höhlen vorgestellt.

Ein Beispiel einer dieser extrem tiefen Wasserhöhlen ist die Quelle der Sorgue, einem Fluss in Südfrankreich. Diese Quelle kann viele Kubikmeter Wasser pro Sekunde schütten und ist damit eine der stärksten Quellen Europas. Mittlerweile konnte mit einem Tauchroboter der Boden des Quellhöhlensystems in über dreihundert Meter Tiefe erreicht werden [31]. Diese Höhle ist vermutlich durch typische Karstprozesse gebildet worden, die auf dem Durchsickern und Durchfluss von Wasser und der damit verbundenen Auflösung von Kalkstein basieren. Noch tiefer ist der Pozzo del Merro in Italien, der eine Tiefe von fast vierhundert Metern aufweist [32]. Der Boden dieser Wasserhöhle wurde ebenfalls mittels eines Tauchroboters erkundet. Interessant ist, dass sich der Fußpunkt des Pozzo del Merro dabei über dreihundert Meter unter dem Meeresspiegel befindet. Daher kommen für die Bildung dieses

Höhlensystems Karstprozesse nicht infrage. Der Pozzo del Merro befindet sich allerdings in einer vulkanisch aktiven Region. Vermutlich ist er durch vulkanisch erzeugte Wärme und Chemikalien aus dem Erdinneren entstanden.

Die beiden zuvor genannten Wasserhöhlen wurden mittels Tauchrobotern erforscht, die über ein Kabel von Menschen gesteuert wurden. Dieses Vorgehen wäre auf einem anderen Himmelskörper vermutlich nicht möglich. Hier wäre der Einsatz von autonomen Unterwasserfahrzeugen nötig, die sich selbstständig orientieren können. In einer weiteren Wasserhöhle, El Zacatón in Mexiko (siehe Abb. 4.9), kam daher eine entsprechende autonome Unterwasserdrohne zum Einsatz [33]. Dieses Unterwasserfahrzeug sendete Schallwellen in alle Richtungen aus und konnte mithilfe der Reflexionen der Schallwellen seine Umgebung erkennen (siehe Abb. 4.10). Durch die Veränderung dieser Sonarsignale mit der Zeit konnte das Gerät seine Position relativ zu seiner Umgebung mittels eines Algorithmus selbstständig ermitteln und damit seinen eigenen Kurs bestimmen [34]. Dieses Unterwasserfahrzeug war in der Lage, den Boden von El Zacatón in über dreihundert Meter Tiefe zu erreichen, und konnte zusätzlich die in der Tiefe des Abgrunds lebenden Mikroorganismen untersuchen.

Autonome Unterwasserfahrzeuge sind vermutlich unersetzlich, um die tiefsten wassergefüllten Höhlen der Erde zu erkunden. Ein guter Kandidat für einen entsprechenden Abgrund der Superlative könnte der Hranice-Abyss in Tschechien sein, der mittlerweile mithilfe eines durch ein Kabel gesteuerten Gefährts bis in eine Tiefe von über vierhundert Metern befahren wurde. Die erreichte Tiefe war dabei nicht durch die Tiefe der Höhle limitiert, sondern durch die Länge des verwendeten Verbindungskabels. Oberflächenmessungen, beispielsweise die Analyse

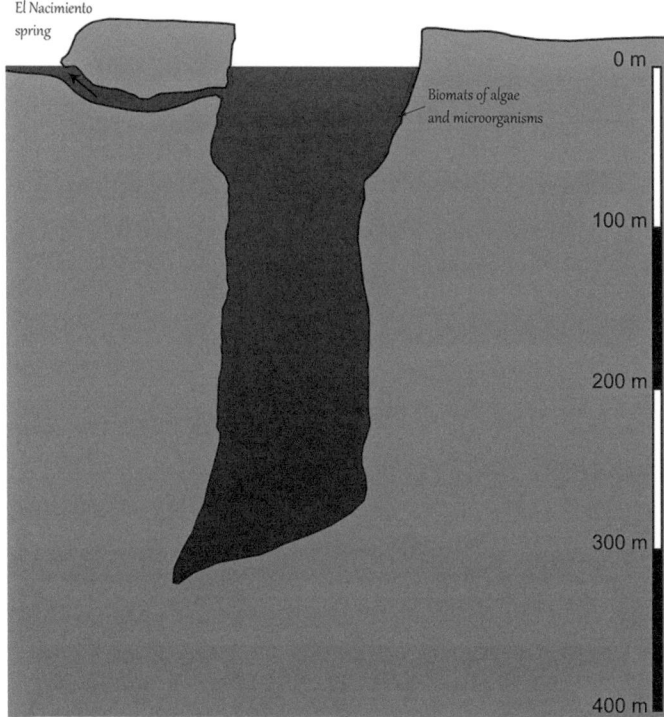

Abb. 4.9 Profil der Wasserhöhle El Zacatón. (Quelle: https://commons.wikimedia.org/wiki/File:ZacatonM.jpg)

von seismischen Wellen, legen nahe, dass diese Höhle eine Tiefe von bis zu einem Kilometer aufweisen könnte, wobei die genaue Interpretation der Daten derzeit noch diskutiert wird [35]. Falls sich diese Höhle tatsächlich bis in diese extreme Tiefe erstrecken sollte, könnten die unteren Bereiche der Höhle wohl nur mit einem autonomen Unterwasserfahrzeug ausgerüstet mit einer Künstlichen Intelligenz erreicht werden. Der Grund dafür ist, dass für ein

Abb. 4.10 Autonomes Unterwasserfahrzeug, das zur Erforschung von El Zacatón eingesetzt wurde. (Quelle: https://commons.wikimedia.org/wiki/File:Depthx.jpg)

weiteres Vordringen deutliche Richtungswechsel durchgeführt werden müssen. Sollte ein entsprechendes Vorhaben gelingen, wäre es eine sehr spannende Frage, ob auch Lebensformen in diesen dunklen Tiefen gedeihen.

4.8 Kryobots

Die zuvor genannten autonomen Unterwasserfahrzeuge sind für eine Erforschung von subglazialen Gewässern nur teilweise geeignet. Sie könnten erst zum Einsatz kommen, wenn das flüssige Seewasser bereits erreicht wurde. Zum Vordringen bis zu einem subglazialen See müssen Schmelzsonden, sogenannte Kryobots eingesetzt werden, die sich autonom durch das Eis schmelzen (siehe Abb. 4.11 und 4.12).

Eine Möglichkeit wären Kryobots, die intern Hitze erzeugen und durch ihr eigenes Gewicht in Schwerkraftrichtung senkrecht in das schmelzende Eis eindringen. Diese

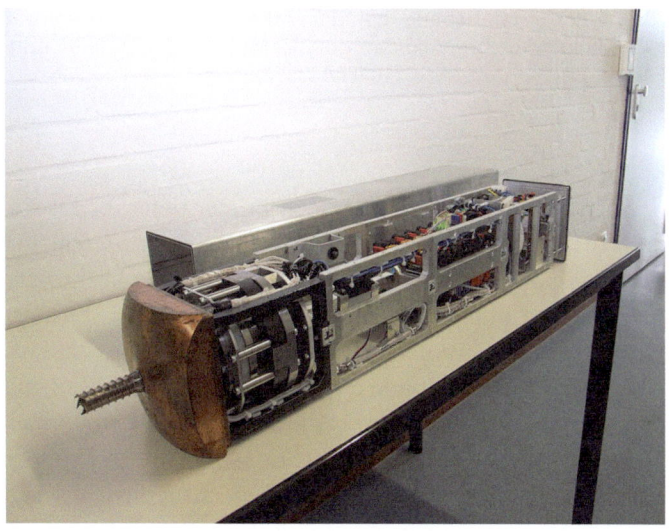

Abb. 4.11 Schmelzsonde zum Durchdringen von Eisschichten. Die Stirnseite dieser Vorrichtung wird durch einen Schmelzkopf gebildet. Die Eisschraube an der Spitze des Schmelzkopfs dient zum Vortrieb der Sonde. (Quelle: https://de.wikipedia.org/wiki/IceMole#/media/Datei:IceMole1.JPG)

Abb. 4.12 Schmelzsonde bei der Arbeit. (Quelle: https://commons.wikimedia.org/wiki/Category:IceMole?uselang=de#/media/File:Im_Eis_der_Antarktis_(16480445552).jpeg)

Sonden würden im Laufe der Zeit immer tiefer ins Eis sinken, bis sie ein subglaziales Gewässer erreicht hätten. Die notwendige Hitze könnte beispielsweise über elektrische Heizsysteme oder den Zerfall von radioaktiven Elementen in dem Kryobot erzeugt werden. Alternativ könnte eine entsprechende Sonde einen Schmelzkopf besitzen, aus dem ein Laserstrahl austreten kann, um das Eis zu schmelzen [36]. Nachdem dieser Kryobot seine Untersuchungen abgeschlossen hat, könnte er sein Gewicht reduzieren oder sein Volumen beispielsweise durch Aufblasen eines Ballons vergrößern, um auf Wasser schwimmen zu können. Ein derartig veränderter, erhitzter Kryobot würde sich entgegen der Schwerkraftrichtung wieder in Richtung Eisoberfläche schmelzen.

Kryobots könnten auch weitergehende Manövrierfähigkeiten besitzen. Beispielsweise könnte der Schmelzkopf örtlich variabel beheizt werden. Damit würde sich diese Sonde bevorzugt in Richtung der stärker beheizten Zonen des Schmelzkopfs bewegen. Zusätzlich dazu könnte eine Schmelzsonde noch eine mechanische Vortriebseinrichtung aufweisen [37]. In diesem Fall wäre eine Kurssteuerung möglich und der Kryobot könnte beispielsweise sogar Hindernissen ausweichen.

Zu bedenken wäre bei dem Einsatz eines Kryobots zum Studium eines subglazialen Ökosystems, dass diese Sonde nur sehr begrenzten Platz für den Transport von entnommenen Proben besitzt. Diese Proben könnten nach der Rückkehr des Kryobots in einem Labor analysiert werden. Entsprechend sollten die wenigen Proben an Stellen aufgesammelt werden, die am vielversprechendsten für die Lebenssuche wären. Da eine Verbindung mit der Oberfläche nicht für alle Betriebssituationen gewährleistet werden kann, muss die Entscheidung zur Probenentnahme an Bord des Kryobots mithilfe von intelligenten Algorithmen erfolgen [38]. Dazu könnte der Verlauf eines Indikatorwerts für das Vorhandensein von Leben entlang der Bewegungsbahn des Kryobots verfolgt werden. Beispielsweise könnte eine Probe entnommen werden, wenn der Indikatorwert ein lokales Maximum erreicht hat und gerade wieder zu fallen beginnt. Wenn der Kryobot auf seiner weiteren Bewegungsbahn ein weiteres, passendes Maximum passiert, könnte eine nächste Probe entnommen werden. Damit wäre gewährleistet, dass Proben immer nahe den vielversprechendsten Stellen aufgenommen werden. Derzeit werden Kryobots auf Hochgebirgsgletschern und polaren Eiskappen der Erde getestet. Die dabei gewonnenen Erkenntnisse sind hilfreich für die Planung und Durchführung von Weltraummissionen auf den Eismonden.

4.9 Extremophile

Wie wir bereits gesehen haben, hat sich das Leben auf der Erde an sehr unterschiedliche Lebensräume angepasst. Durch Bestimmung von Extremwerten der Umweltbedingungen für alle Lebensräume können Grenzen für eine prinzipielle Bewohnbarkeit für irdisches Leben abgesteckt werden. Organismen, die in diesen Extrembereichen gedeihen, nennt man extremophil. Die Bestimmung von Grenzwerten für eine Bewohnbarkeit für irdisches Leben kann für eine Suche nach extraterrestrischem Leben genutzt werden. Bei der Lebenssuche auf anderen Himmelskörpern könnte man sich auf jene Regionen fokussieren, deren Bedingungen sich innerhalb dieser prinzipiell bewohnbaren Bereiche befinden.

Extreme Lebensräume können beispielsweise durch die dort vorherrschenden physikalischen Bedingungen gegeben sein. Ein für Ökosysteme wesentlicher physikalischer Parameter ist die Temperatur, wobei Leben auf der Erde innerhalb eines bestimmten Temperaturbereiches gefunden werden kann. Bewohner der Polkappen und Hochgebirge der Erde zeigen, dass Leben problemlos bei Temperaturen unter dem Gefrierpunkt von Wasser gedeiht. Am anderen Ende der Temperaturskala gibt es Mikroorganismen, die nahe heißer Quellen auch bei Temperaturen über dem Siedepunkt von Wasser überleben können [39]. Ein weiterer, wichtiger Parameter für eine prinzipielle Bewohnbarkeit ist der Druck. Leben wurde mittlerweile bis in die tiefsten Regionen der Weltmeere und in Tiefseesedimenten nachgewiesen. Das zeigt, dass Leben problemlos Bedingungen trotzen kann, bei denen der Druck den Luftdruck auf der Erdoberfläche um mehr als das Tausendfache übersteigt [40]. Am anderen Ende der Druckskala befinden sich Mikroorganismen, die die Hochatmosphäre der Erde über dem Südwesten der Vereinigten

Staaten von Amerika bewohnen. Drücke im Bereich von wenigen Promille des Drucks auf der Erdoberfläche scheinen dort für Leben akzeptabel zu sein [41]. Zum Vergleich: Entsprechende Drücke sind ähnlich dem Atmosphärendruck auf der Oberfläche des Planeten Mars.

Eine weitere extreme Herausforderung könnte durch die Chemie eines Lebensraums gegeben sein. Beispielsweise könnten Säuren, Basen oder andere toxische Chemikalien das Überleben gefährden. Auch für diese Fälle gibt es unter den Lebewesen auf der Erde Überlebenskünstler, die diesen Bedingungen zumindest teilweise trotzen können. Als Antwort auf die Frage nach entsprechenden Lebensräumen hat mich der Chatbot unter anderem auf ein spezielles Ökosystem auf der Erde aufmerksam gemacht: Erdöllagerstätten. Dort bekommt es Leben mit einer hohen Konzentration an Kohlenwasserstoffen zu tun. In unterirdischen Reservoirs dieser Kohlenwasserstoffe wurden tatsächlich bestimmte einzellige Lebewesen gefunden. Diese Lagerstätten waren vermutlich über eine lange Zeit von ihrer Umgebung abgeschlossen, wobei verschiedene, voneinander getrennte Erdöllager durchaus die gleichen Arten beherbergen können [42]. Habitate in Kohlenwasserstofflagerstätten hier auf der Erde könnten astrobiologisch interessant sein. Auf dem Saturnmond Titan wurden Oberflächenseen aus Kohlenwasserstoffen gefunden. Von irdischen kohlenwasserstoffliebenden Mikroorganismen könnte man prinzipiell lernen, wie Leben in diesen Umgebungen gedeiht. Die Analogie zwischen den Kohlenwasserstoffseen auf Titan und Erdöllagerstätten hier auf der Erde ist jedoch vermutlich nur begrenzt gültig, da die Oberflächentemperatur des Titan lediglich etwa minus 180 °C beträgt und Seen dort hauptsächlich aus einfachen Kohlenwasserstoffen bestehen, die bei diesen niedrigen Temperaturen flüssig sind.

Manche extremophile Lebewesen sind wahre Überlebenskünstler. Beispielsweise toleriert ein bestimmtes Bakterium *(Deinococcus radiodurans)* sowohl hohe Dosen an Radioaktivität als auch hohe Konzentrationen an toxischen Chemikalien [43]. Entdeckt wurde dieses Bakterium bei der Sterilisation von Fleischkonserven durch ionisierende Strahlung, wobei es unbeeindruckt von dieser Behandlung munter weiterlebte. Durch diese Fähigkeiten ist es global in unterschiedlichsten Lebensräumen vertreten. Beispielsweise wurde es etwa in Gestein, Kot, dem Darm von Menschen oder im Kühlwasser von Atomreaktoren gefunden. Dieses Bakterium kann sogar zeitweilig unter Weltraumbedingungen überleben. Seine Resistenz gegenüber extremen Bedingungen wie hoher Radioaktivität beruht darauf, dass es seine Erbinformation sehr schnell von Schäden reparieren kann. Ein weiterer, astrobiologisch interessanter Mikroorganismus ist ein photosynthesebetreibendes Cyanobakterium. Diese Lebewesen wurden an der Außenseite der Internationalen Raumstation in einer Umwelt untergebracht, die in Trockenheit, Temperatur, atmosphärischer Zusammensetzung und Strahlung ein potentielles Habitat auf dem Mars simulierte. Dabei zeigte sich, dass dieses Cyanobakterium durchaus am Mars überlebensfähig wäre [44]. Zusammenfassend kann gesagt werden, dass verschiedene potentielle Lebensräume auf anderen Himmelskörpern in unserem Sonnensystem für bestimmte Vertreter des irdischen Lebens prinzipiell bewohnbar wären.

4.10 Radioaktive Lebensräume

Außergewöhnliche Fähigkeiten bestimmter Lebewesen können sich bei außergewöhnlichen Ereignissen als Vorteil im Überlebenskampf erweisen. Am 26. April 1986 explodierte der Reaktorblock 4 des Kernkraftwerks Tschernobyl. Dabei wurde das Reaktorgebäude zerstört und große Mengen radioaktiven Materials gelangten in die Umwelt. Um die Freisetzung von Radioaktivität zu unterbinden, wurde der Reaktorblock 4 mit einer Schutzhülle umgeben. Innerhalb dieser Schutzhülle, dem sogenannten Sarkophag, befinden sich nach wie vor die Überreste des geschmolzenen Reaktorkerns und dadurch herrscht dort eine sehr hohe Dosis an radioaktiver Strahlung. Generell wurde angenommen, dass die Intensität dieser Strahlung den dauerhaften Aufenthalt von Leben im Sarkophag stark einschränken sollte. Überraschenderweise fand man später innerhalb dieser Schutzhülle dunkel gefärbte Pilze mit hefeartigem Wachstum, die der ionisierenden Strahlung trotzen konnten.

Die aufgefundenen Pilze schienen der Strahlung nicht nur zu widerstehen, sondern zeigten erhöhte Stoffwechselaktivitäten in der strahlungsbelasteten Umgebung [45]. Dies legt nahe, dass diese Pilze die radioaktive Strahlung zur Energiegewinnung nutzen können. Es wird angenommen, dass die Energiegewinnung mithilfe eines schwarzen Pigmentfarbstoffs, des Melanins, erfolgt. Dieses Beispiel zeigt, dass es für Leben verschiedene Möglichkeiten zur Energiegewinnung aus Strahlung gibt. Am weitesten verbreitet auf der Erde ist hier sicherlich die Nutzung des Sonnenlichts durch Pflanzen. Alternativ können bestimmte Bakterien Energie aus der Wärmestrahlung von heißen Quellen in der Tiefsee gewinnen [2]. Die dunklen Pilze von Tschernobyl wiederum weisen darauf hin, dass zusätzlich möglicherweise auch radioaktive Strahlung genutzt werden kann.

Energiegewinnung mittels unterschiedlicher Formen von Strahlung könnte auch aus astrobiologischer Sicht interessant sein. Damit wäre die Besiedlung von einer größeren Vielfalt an Habitaten für Leben denkbar.

Literatur

1. Lonsdale, Peter; „Clustering of suspension-feeding macrobenthos near abyssal hydrothermal vents at oceanic spreading centers". Deep Sea Research. 24 (9): 857–863; (1977)
2. Beatty, J. Th., et al.; An obligately photosynthetic bacterial anaerobe from a deep-sea hydrothermal vent; Proceedings of the National Academy of Sciences of the United States of America, Volume 102, Issue 26, 2005, pp.9306–9310 (2005)
3. https://www.wondermondo.com/vrtiglavica-cave/ [abgerufen am 20.11.2024]
4. https://de.wikipedia.org/wiki/Werjowkina [abgerufen am 20.11.2024]
5. Mizuno K., et al.; Novel multicellular prokaryote discovered next to an underground stream; (2024) url: https://elifesciences.org/articles/71920 [abgerufen am 20.11.2024]
6. Forti, P.; Biogenic speleothems: An overview; International Journal of Speleology (Edizione Italiana) 30(1/4) (2001)
7. Kumaresan, D., et al.; Microbiology of Movile Cave—A Chemolithoautotrophic Ecosystem; Geomicrobiology Journal, Volume 31, – Issue 3: Biogeochemistry and Microbial Ecology of Cave Systems, Pages 186–193 (2014)
8. Falniowski, A., et al; Heleobia dobrogica (Grossu & Negrea, 1989)(Gastropoda: Rissooidea: Cochliopidae) and the estimated time of its isolation in a continental analogue of hydrothermal vents; Molluscan Research, 28(3): 165–170 (2008)
9. https://www.nature.com/articles/d41586-023-01273-w [abgerufen am 20.11.2024]
10. US 6 285 999 B1
11. US 9 754 020 B1
12. Salton, G., et al. (1975): A vector space model for automatic indexing. Communications of the ACM, Volume 18, Issue 11, pp. 613–620. (1975)
13. US 9 037 464 B1

14. Reinke, M., et al. (2019): Einsatz kognitiver Verfahren am Deutschen Patent- und Markenamt. BTW 2019. https://doi.org/10.18420/btw2019-20. Gesellschaft für Informatik, Bonn. PISSN: 1617-5468. ISBN: 978-3-88579-683-1. pp. 337–355. Industriebeiträge. Rostock. 4.–8. März 2019
15. Läßiger, B., et al.; Recherchestrategien in der Patentprüfung unter Berücksichtigung der neuen Recherche mittels KI; Proceedings des 46. Kolloquiums der TU Ilmenau über Patentinformation (PATINFO), Ilmenau, 05. bis 7. Juni 2024, Christoph Hoock, Sabine Milde (Hrsg.), Ilmenau: Techn. Univ., ISBN: 978-3-9324-8827-6, Seiten 169–182 (2024).
16. Fairén, A. G., et al.; Astrobiology through the Ages of Mars: The Study of Terrestrial Analogues to Understand the Habitability of Mars; Astrobiology, vol. 10, issue 8, pp. 821–843 (2010)
17. Parro, V., et al.; A Microbial Oasis in the Hypersaline Atacama Subsurface Discovered by a Life Detector Chip: Implications for the Search for Life on Mars; Astrobiology, vol. 11, issue 10, pp. 969–996 (2011)
18. Huang, W. et al., Mechanism of water extraction from gypsum rock by desert colonizing microorganisms; Proceedings of the National Academy of Sciences of the United States of America, 117 (20) 10681–10687 (2020)
19. Warren-Rhodes, K., et al.; Orbit-to-ground framework to decode and predict biosignature patterns in terrestrial analogues; Nature Astronomy, 7, 406–422 (2023)
20. Hartzell, P. L., et al.; Distribution and phylogeny of glacier ice worms (Mesenchytraeus solifugus and Mesenchytraeus solifugus rainierensis); Canadian Journal of Zoology. 83 (9): 1206–1213 (2005)
21. Schweiger, H.; Ein neuer mikrophthalmer Euconnus aus den östlichen Gailtaler Alpen (Col. Scydmaenidae); Deutsche Entomologische Zeitschrift (Berliner Entomologische Zeitschrift und Deutsche Entomologische Zeitschrift in Vereinigung); NF 5, Seiten 382–384 (1958)

22. Hölzel, E.; Aus der Tierwelt der Umgebung von Hermagor; Seiten 278–286; in Stadtgemeinde Hermagor und Gotbert Moro; Hermagor, Geschichte, Natur, Gegenwart; Klagenfurt, Verlag des Geschichtsvereins für Kärnten, Beigabe zu Carinthia, 159. Jahrgang 1969 (1969)
23. Shatilovich, A., et al.; A novel nematode species from the Siberian permafrost shares adaptive mechanisms for cryptobiotic survival with C. elegans dauer larva; PLOS Genetics, 27 July 2023, e1010798 (2023) url: https://journals.plos.org/plosgenetics/article?id=10.1371/journal.pgen.1010798 [abgerufen am 20.11.2024]
24. Ye, Q., et al.; The survival of benthic macroscopic phototrophs on a Neoproterozoic snowball Earth; Geology 43, 507–510 (2015)
25. Song, H., et al.; Mid-latitudinal habitable environment for marine eukaryotes during the waning stage of the Marinoan snowball glaciation; Nature Communications, 14, Article number: 1564 (2023)
26. Griffiths, H. J., et al.; Breaking All the Rules: The First Recorded Hard Substrate Sessile Benthic Community Far Beneath an Antarctic Ice Shelf; Frontiers in Marine Science, Sec. Marine Evolutionary Biology, Biogeography and Species Diversity, Volume 8 (2021) url: https://doi.org/10.3389/fmars.2021.642040 [abgerufen am 20.11.2024]
27. Priscu, J. C., et al.; Scientific access into Mercer Subglacial Lake: scientific objectives, drilling operations and initial observations; Annals of Glaciology. 62 (85–86): 340–352 (2021)
28. https://www.nature.com/articles/d41586-019-00106-z [abgerufen am 20.11.2024]
29. Erdmann, W. & Kaczmarek, L.; Tardigrades in Space Research – Past and Future; Origins of Life and Evolution of the Biosphere, 47(4): 545–553 (2017)
30. Y. M. Shtarkman, Y, M. et al.; Subglacial Lake Vostok (Antarctica) Accretion Ice Contains a Diverse Set of Sequences from Aquatic, Marine and Sediment-Inhabiting Bacteria and Eukarya. PLOS ONE. 8(7), S. e67221 (2013)

31. Bayle, B. & Graillot, D.; Société spéléologique de Fontaine-de-Vaucluse, Compte rendu hydrogéologique de l'opération spéléonaute du 2/8/85, Fontaine-de-Vaucluse; Karstologia, 9, pp. 1–6 (1987)
32. https://www.wondermondo.com/pozzo-del-merro/ [abgerufen am 20.11.2024]
33. https://www.wondermondo.com/el-zacaton-sinkhole/ [abgerufen am 20.11.2024]
34. US 2009 / 0 031 940 A1
35. Klanica,R., et al.; Hypogenic Versus Epigenic Origin of Deep Underwater Caves Illustrated by the Hranice Abyss (Czech Republic) — The World's Deepest Freshwater Cave; Journal of Geophysical Research: Earth Surface, Volume 125, Issue 9 (2020) https://doi.org/10.1029/2020JF005663
36. US 2017 / 0 211 328 A1
37. Dachwald, B., et al.; IceMole: a maneuverable probe for clean in situ analysis and sampling of subsurface ice and subglacial aquatic ecosystems; Annals of Glaciology , Volume 55, Issue 65, pp. 14–22 (2014)
38. Clark, E. B., et al.; An intelligent algorithm for autonomous scientific sampling with the VALKYRIE cryobot; International Journal of Astrobiology , Volume 17 , Special Issue 3: Robotic Astrobiology , July 2018 , pp. 247–257 (2018)
39. Clarke, A.; The thermal limits to life on Earth; International Journal of Astrobiology, Volume 13, Issue 2, pp. 141–154 (2014)
40. Oger, P. M.& Jebbar, M.; The many ways of coping with pressure; Research in Microbiology. 161 (10): 799–809 (2010)
41. Bryan, N. C., et al.; Abundance and survival of microbial aerosols in the troposphere and stratosphere. The ISME Journal, 13(11):2789–2799, (2019)
42. Lewin, A., et al.; The microbial communities in two apparently physically separated deep subsurface oil reservoirs show extensive DNA sequence similarities; Environmental Microbiology, 16: 545–558 (2013)

43. Cox, M. M. & Battista, J. R.; Deinococcus radiodurans – the consummate survivor; Nature Reviews. Microbiology. 3 (11): 882–892. (2005)
44. Napoli A, et al.; Absence of increased genomic variants in the cyanobacterium Chroococcidiopsis exposed to Mars-like conditions outside the space station; Scientific Reports. 12 (1): 8437 (2022)
45. Dadachova, E. et al.; Ionizing radiation changes the electronic properties of melanin and enhances the growth of melanized fungi; PLOS ONE. Band 2, Nummer 5, S. e457 (2007)

5

Extraterrestrisches Leben in unserem Sonnensystem

Ein vielversprechender Weg zur möglichen Entdeckung von extraterrestrischem Leben ist eine Suche in unserem Sonnensystem. Es wäre denkbar, dass hier auf verschiedenen Himmelskörpern in besonders geschützten Umweltbereichen Leben entstanden ist und sogar noch immer dort gedeiht. Manche Gebiete auf bestimmten Planeten und Monden in unserem Heimatsystem bieten ähnliche Lebensbedingungen wie einige extreme bewohnte Habitate auf der Erde. Objekte in unserem Heimatsystem sind aktuell für irdische Raumfahrtmission erreichbar und daher können Fahndungen nach Lebensspuren vor Ort vorgenommen werden. Dabei wären Bodenfahrzeuge, Drohnen oder U-Boote mit einer intelligenten, autonomen Steuerung vorteilhaft einsetzbar.

5.1 Die Atmosphäre der Venus

Ein, auf den ersten Blick, nicht gerade vielversprechender Planet zur Lebenssuche ist die Venus. Diese Option wurde mir auf eine Frage nach potentiell bewohnten Objekten im Sonnensystem vom Chatbot interessanterweise auch nicht genannt. Die Venus hat eine vergleichbare Größe wie die Erde und umrundet die Sonne innerhalb der Erdbahn. Damit enden aber auch schon die Gemeinsamkeiten zwischen Venus und Erde im Hinblick auf eine Bewohnbarkeit für Leben, wie wir es kennen. Die Bedingungen auf der Oberfläche der Venus kann man treffenderweise mit höllisch bezeichnen. Die Atmosphäre der Venus besteht zu über neunzig Prozent aus Kohlendioxyd und erreicht auf der Venusoberfläche einen Druck von etwa dem Neunzigfachen des Atmosphärendrucks auf der Erdoberfläche auf Meereshöhe. Zum Vergleich: Dieser Druck entspricht dem Wasserdruck in einer Tiefe von etwa 900 m. Die sehr dichte Kohlendioxydatmosphäre hat auf der Venus zu einem galoppierenden Treibhauseffekt geführt. Entsprechend beträgt die mittlere Temperatur auf der Venusoberfläche momentan etwa 450 °C.

Es ist allerdings möglich, dass die Venusoberfläche nicht immer so lebensfeindlich war [1]. Nach der Entstehung des Sonnensystems und seiner Planeten könnte die Venus für einige Hundert Millionen Jahre eine für Leben, wie wir es kennen, akzeptable Oberflächentemperatur aufgewiesen haben und zudem könnte es dort flüssiges Wasser gegeben haben [2]. Die Existenz ausgedehnter Ozeane ist jedoch unwahrscheinlich, da der geringe Wasserdampfanteil vulkanischer Ausgasungen auf der Venus darauf hindeutet, dass ihre Planetenoberfläche die meiste Zeit ihres Bestehens weitgehend trocken war [3]. Trotzdem ist nicht ausgeschlossen, dass anfänglich die Bedingungen für die

Entstehung von Leben potentiell günstig gewesen waren, und daher hätte sich Leben auf der Venus auch tatsächlich bilden können. In diesem Fall würde sich die Frage stellen, ob dieses potentielle Venusleben nicht doch eine Strategie entwickelt haben könnte, bis in unsere Zeit zu überdauern.

Die Bedingungen auf der Venusoberfläche mögen höllisch sein, jedoch nehmen Druck und Temperatur der Atmosphäre mit zunehmender Höhe über dem Boden ab. In etwa fünfzig Kilometern Höhe herrschen Druck- und Temperaturverhältnisse, die vergleichbar mit den Werten auf der Erde auf Meeresniveau sind. Dort befinden sich dichte Wolkenschichten, die teilweise aus feinen Schwefelsäuretröpfchen bestehen, und es kann zu einem Schwefelsäureregen aus diesen Wolken kommen. Es wäre denkbar, dass extremophile Mikroorganismen in diesem Bereich der Venusatmosphäre einen möglichen Lebensraum vorfinden können. Interessanterweise könnte es sogar Hinweise auf mögliches Venusleben in der Venusatmosphäre geben. Beispielsweise wurde beobachtet, dass die Venusatmosphäre ultraviolettes Sonnenlicht absorbiert. Diese Filterung des ultravioletten Lichts erfolgt räumlich und zeitlich variabel [4]. Die Ursache dieser Absorption eines Teils des Sonnenlichts ist noch nicht abschließend geklärt. Einerseits könnten bestimmte chemische Verbindungen dafür verantwortlich sein. Andererseits könnten auch Kolonien von Bakterien das ultraviolette Licht aufnehmen. In diesem Szenario wäre denkbar, dass die Bakterien diesen Teil des Sonnenlichts für photosyntheseartige Prozesse zur Energiegewinnung nutzen. Ein weiteres Indiz für das Vorhandensein von Venusleben könnte die mögliche Detektion von Stoffwechselprodukten wie insbesondere Phosphin darstellen. Der Nachweis und die Menge von Phosphin in der Venusatmosphäre werden jedoch derzeit kontrovers diskutiert.

Die Venusatmosphärenschicht mit einer Höhe von etwa fünfzig Kilometern über dem Venusboden wäre vermutlich der vielversprechendste Ort, um nach Venusleben zu suchen. Für eine derartige Untersuchung könnten unterschiedliche Konzepte für Satellitenmissionen zum Einsatz kommen. Die Absorption von ultraviolettem Licht in der Venusatmosphäre variiert von Ort zu Ort. Unter der Annahme, dass Mikroorganismen dafür verantwortlich sind, würde das bedeuten, dass die Konzentration dieser Lebensform an unterschiedlichen Orten unterschiedlich hoch wäre. Idealerweise sollten daher für eine umfassende Suche nach Venusleben mehrere Orte in der Venusatmosphäre besucht werden. Eine relativ kostengünstige Möglichkeit zur Durchführung einer entsprechenden Suche wäre der Einsatz eines Schwarms aus briefmarkengroßen Nanosatelliten [5]. Dieser Schwarm von Nanosatelliten könnte mittels einer Muttersonde von der Erde aus in eine Umlaufbahn um die Venus gebracht und dort ausgesetzt werden. Die briefmarkengroßen Sonden würden danach an einer Vielzahl von Bestimmungsorten in die Venusatmosphäre absinken und dort während ihres Sinkflugs insbesondere die vielversprechendsten Atmosphärenschichten untersuchen. Durch den begrenzten Platz auf diesen Sonden könnten lediglich sehr kleine Sensoren, Analysegeräte und Kommunikationsanlagen mitgeführt werden. Daher wäre die Datengewinnung der einzelnen Sonden und die Bandbreite der Datenübermittlung von den Sonden zur Muttersonde recht begrenzt. Die Gesamtheit der Daten des ganzen Schwarms würde allerdings ein relativ umfassendes Bild von den Bedingungen in der Venusatmosphäre liefern. Alternativ zu einem Schwarm aus Nanosonden könnte ein großer Ballon in der Atmosphäre der Venus ausgebracht werden [6]. Dieser Ballon könnte längere Zeit in einer Höhe von etwa fünfzig Kilometern schweben, dabei ausgedehnte Wegstrecken zurücklegen und auf seinem Weg Atmosphärenproben sammeln und analysieren. Die Forschungsgondel des Ballons würde bei dieser Mission auch komplexeren Analyseapparaturen Platz bieten, sodass eine umfangreiche Analyse der gesammelten Proben möglich wäre. Jedoch kann auch die ausgeklügeltste, automatische Untersuchung einer Probe eine Analyse in einem irdischen Labor nicht ersetzen. Daher könnten gesammelte Proben der Venusatmosphäre von der Forschungsgondel aus sogar mit einer Rakete zurück zur Erde befördert werden. Generell würde eine Rückführung von Proben zur Erde einen recht komplexen Missionsablauf erfordern. Dieses Vorgehen hätte allerdings den Vorteil, dass, nachdem diese Proben auf der Erde angekommen sind, sie von mehreren hoch spezialisierten Laboren auf Lebensspuren hin untersucht werden könnten. Beispielsweise wäre es möglich, mit geeigneten Mikroskopen nach zellenförmigen Strukturen zu suchen. Allerdings müsste bei einem entsprechenden Programm eine Kontamination der Erde mit Venusleben vermieden werden.

5.2 Wasser auf dem Mars

Die sehr hohen Temperaturen auf der Venus erlauben nicht, dass Wasser in flüssiger Form vorliegt. Daher wollen wir uns als Nächstes kühlere Objekte ansehen. Als eine der potentiell interessanten Optionen für eine Suche nach extraterrestrischem Leben im Sonnensystem wurde mir der Mars vom Chatbot vorgeschlagen. Der Mars ist unser äußerer Nachbar im Sonnensystem und hat etwa den halben Durchmesser der Erde. Die Atmosphäre des Mars ist relativ dünn mit einem Druck auf der Marsoberfläche von wenigen Promille des irdischen Luftdrucks. Das entspricht dem irdischen Atmosphärendruck in etwa 35 km Höhe. Zudem beträgt die Durchschnittstemperatur auf der Marsoberfläche weniger als minus sechzig Celsius. Der Mars ist eine sehr trockene Welt und vermittelt den Eindruck eines Wüstenplaneten. Allerdings besitzt der Mars zwei helle Polkappen, die vermutlich aus Kohlendioxydeis mit Anteilen von Wassereis bestehen.

In seinem derzeitigen Zustand ist der Mars kein besonders lebensfreundlicher Planet. Jedoch scheint der Mars, analog wie die Venus, in der Vergangenheit sehr viel günstigere Bedingungen für die Entstehung von Leben aufgewiesen zu haben. Es wird angenommen, dass für viele Hundert Millionen Jahre ein Teil der Marsoberfläche mit flüssigem Wasser bedeckt war [7]. Zudem entsprechen bestimmte Oberflächenformen auf dem Mars dem Aussehen von Flusstälern, wobei aus den Sedimenten in diesen Strukturen darauf geschlossen werden kann, dass tatsächlich flüssiges Wasser zeitweilig floss [8]. In der Zeitperiode mit flüssigem Wasser auf der Oberfläche muss die Marsatmosphäre deutlich dichter und wärmer gewesen sein als heute. Insgesamt wäre es also denkbar, dass sich während der feuchten und warmen Phasen auf dem Mars Leben gebildet hat. Eine Suche nach Marsleben könnte sich entsprechend lohnen.

Es ist nicht klar, mit welchen Strategien man am vielversprechendsten nach Marsleben suchen sollte. Einerseits könnte man nach Lebensformen Ausschau halten, die in den letzten geschützteren Habitaten nach wie vor den Bedingungen trotzen [9]. Andererseits könnte man nach Fossilien von bereits ausgestorbenem Marsleben fahnden [10]. Ich fragte den Chatbot nach vielversprechenden Orten für eine Lebenssuche auf dem Mars. Das Dialogsystem schlug für dieses Vorhaben generell vor, den Spuren des Wassers zu folgen. Spezifischer empfahl es die Untersuchung von Oberflächenformationen, die auf das Vorhandensein von Wasser in der Vergangenheit schließen lassen, beispielsweise ausgetrocknete Flusstäler und Seen (siehe Abb. 5.1).

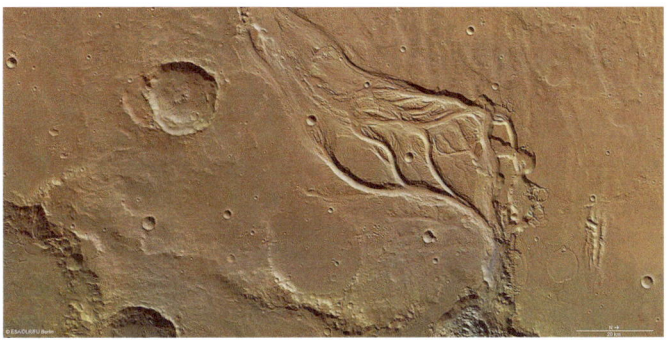

Abb. 5.1 Ausgetrocknetes Flusstal (Osuga Valles) auf dem Mars. (Quelle: ESA/DLR/FU Berlin)

Als weitere Möglichkeit nannte der Chatbot potentielle Reservoirs von flüssigem Wasser unter der Oberfläche des Mars. Tatsächlich gibt es Hinweise auf unterirdische Seen im Bereich der Polkappen [11], wobei deren Existenz allerdings nicht gesichert ist [12]. Stark salzhaltiges Wasser könnte dort trotz der tiefen Temperaturen nach wie vor in flüssiger Form vorliegen und insbesondere einen letzten Rückzugsraum für Marsleben darstellen.

Auf dem Mars könnten noch zwei weitere Umgebungen für eine Lebenssuche besonders interessant sein. Diese Optionen wurden mir vom Dialogsystem nicht genannt. Die ersten interessanten Formationen sind alte Ablagerungen von hydrothermalen Quellen auf dem Mars, die sich möglicherweise am Grund eines jetzt ausgetrockneten Meeres gebildet haben [13]. An diesen Stellen könnte eine Suche nach Fossilien vielversprechend sein, denn analoge Orte auf der Erde zeigen in manchen Fällen artenreiche Ökosysteme. Die zweiten spannenden geologischen Formationen auf dem Mars sind Höhlen [14]. Marshöhlen wurden vermutlich durch den Durchfluss von dünnflüssiger Lava gebildet und bieten eine insbesondere vor ionisierender Strahlung geschützte Umwelt (siehe Abb. 5.2). Im Unterschied zur Erde besitzt der Mars kein globales Magnetfeld, wodurch hochenergetische geladene Teilchen, beispielsweise vom Sonnenwind, relativ ungehindert auf die Marsoberfläche gelangen können. Ionisierende Strahlung zerstört komplexe, organische Moleküle und ist damit in der Regel sehr schädlich für Leben. Daher wäre es denkbar, dass Marsleben in Höhlen abgeschirmt vor ionisierender Strahlung nach wie vor gedeihen könnte. Entsprechend wäre eine Erforschung von Marshöhlen eine potentiell lohnende Unternehmung. Höhlen beinhalten allerdings oft vertikale Geländebereiche, wodurch eine Befahrung zu einer herausfordernden Aufgabe wird. Als Lösung dieser Aufgabe könnte eine Erkundung von Marshöhlen mithilfe

Abb. 5.2 Möglicher Höhleneingang am Vulkan Pavonis Mons auf dem Mars. (Quelle: MarsReconnaissance Orbiter, NASA)

vielbeiniger, weberknechtartiger Robotern erfolgen [15]. Diese Vorrichtungen könnten durch Verspreizen ihrer langen Beine an den Höhlenwänden auch vertikale Passagen durch Klettern überwinden.

Zusammenfassend kann gesagt werden, dass der Mars einige geologische Formationen besitzt, die für eine Lebenssuche geeignet erscheinen. Mit dem weberknechtartigen Höhlenforschungsroboter haben wir schon ein mögliches Konzept zur Lebenssuche auf dem Mars kennengelernt. Als Nächstes wollen wir uns ansehen, welche weiteren Lösungen in der wissenschaftlichen Literatur präsentiert wurden, um nach Lebensspuren in marsähnlichen Umgebungen zu suchen. Diese Literatursuche kann vorteilhaft mit einem bestimmten Algorithmus durchgeführt werden. Dieser Algorithmus soll nun vorgestellt werden.

5.3 Netzwerkanalysen

In der wissenschaftlichen Literatur ist es gängige Praxis, Vorarbeiten anderer Autoren oder weitere relevante Publikationen im aktuellen Aufsatz zu benennen. Umgekehrt wird später auf diesen Aufsatz in nachfolgenden, verwandten Arbeiten Bezug genommen. Analog wird in der Patentliteratur typischerweise auf ähnliche, bereits existierende technische Lösungen zu einer vorgeschlagenen Erfindung verwiesen. Diese beiden Arten von Schriften, die in einem Dokument genannten und solche, die selbst das Dokument nennen, stehen daher in einer direkten Verbindung mit dem aktuellen Ausgangsdokument. Diese direkt verbundenen Schriften beziehen sich ihrerseits wiederum auf weitere verwandte Arbeiten. Mit dem Ausgangsdokument sind diese weiteren Schriften indirekt über ein direkt genanntes Dokument verbunden. Durch diese gegenseitigen Bezugnahmen entsteht eine Vielzahl von

Querverbindungen zwischen verschiedenen Publikationen. Diese Vielzahl von Querverbindungen kann als ein Netzwerk verstanden werden, wobei die einzelnen Aufsätze als Knoten in diesem Netzwerk fungieren. Mit diesem Netzwerk werden verschiedene Denkansätze, Lösungen und Fachgebiete miteinander vernetzt. Mithilfe einer Netzwerkanalyse [16] kann daher der aktuelle Wissensstand in einem bestimmten Forschungsgebiet bestimmt und es können zusätzlich die Anknüpfungspunkte zwischen verschiedenen Forschungsbereichen identifiziert werden. Entsprechend können Menschen oder Künstliche Intelligenzen Netzwerkanalysen der relevanten Literatur nutzen, um nach geeigneten Lösungen für eine bestimmte Fragestellung in der Wissenschafts- oder Patentliteratur zu suchen. Beispielsweise wurde durch Auswertung von indirekten Verbindungen zwischen Medizinveröffentlichungen eine Behandlungsmöglichkeit für eine bestimmte Erkrankung der Blutgefäße gefunden, die zuvor für diese Anwendung von Fachleuten noch nicht vorgeschlagen wurde [17]. Später konnte mit klinischen Studien die Wirksamkeit dieser Therapie für diese Erkrankung tatsächlich nachgewiesen werden. Dieses Beispiel zeigt, dass durch Untersuchungen der Vernetzung von wissenschaftlichen Arbeiten verstecktes Wissen gefunden werden kann. In der Astrobiologie sind Netzwerkanalysen der Forschungsliteratur durch die Interdisziplinarität des Forschungsgebiets besonders vorteilhaft einsetzbar [18].

Eine weitere Möglichkeit zur Nutzung von Netzwerkinformationen der relevanten Literatur könnte die Suche nach Aufsätzen sein, die eine Verbindung zu unterschiedlichen Fachbereichen aufweisen. Bei diesen Arbeiten handelt es sich in der Regel um besonders interdisziplinäre Arbeiten. Als Ausgangspunkte für eine entsprechende Suche dienen dabei jeweils eine passende Schrift aus den zwei unterschiedlichen Fachbereichen. Zu diesen

Ausgangdokumenten werden jene Schriften gesucht, die eine direkte Querverbindung aufweisen. In einem nächsten Schritt werden danach zu den auf diesem Weg gefundenen weiteren Dokumenten jeweils wieder jene Dokumente identifiziert, die wiederum eine entsprechende direkte Querverbindung zu diesen aufweisen. Die im ersten Schritt gefundenen Dokumente werden dabei also zu weiteren Knoten, an denen sich das Netzwerk nochmals verzweigt. Dieser Schritt wird mehrere Male wiederholt. Damit gelangt man zu einem sich wiederholt verästelnden, baumartigen Netzwerk um die beiden Ausgangsschriften. Nun werden jene Aufsätze identifiziert, die in beiden baumartigen Netzwerken der jeweiligen Ausgangsdokumente vorkommen. Diese Schriften befinden sich in jenem Bereich, wo sich die beiden Netzwerke treffen und überlappen. Bei diesen Dokumenten kann es sich um die gesuchten Aufsätze handeln, die Verbindungen zu beiden unterschiedlichen Fachgebieten aufweisen.

Wir wollen nun als Beispiel für eine entsprechende Netzwerkanalyse versuchen, aus zwei unterschiedlichen Blickwinkeln auf eine Lebenssuche auf dem Mars zu blicken. In dem Bereich, in dem sich diese beiden Blickwinkel überlappen, könnten interessante Anregungen für eine entsprechende Suche zu finden sein.

5.4 Drohnenflüge auf dem Mars

Als erster Schritt für eine Suche nach einem Überlappungsbereich von unterschiedlichen Sichtweisen auf eine Lebenssuche auf dem Mars müssen die jeweiligen Ausgangspunkte der jeweiligen Blickrichtungen festgelegt werden. Einen möglichen Startpunkt für einen bestimmten Blickwinkel auf die Lebenssuche auf dem Mars bietet die Biosphäre der jungen Erde. Der junge Mars war für viele Hundert Millionen Jahre vermutlich eine warme und feuchte Welt. Zur selben Zeit war die Erde ebenfalls lebensfreundlich und Leben hatte sich hier tatsächlich bereits entwickelt, wie der Fossilienbefund zeigt. Sehr alte Fossilien auf der Erde könnten daher möglicherweise einen Hinweis geben, wonach man auf dem Mars suchen könnte. Von besonderem Interesse wären hier makroskopische Lebensspuren.

Schon sehr früh in der Erdgeschichte haben sich deutlich sichtbare Spuren von Leben gebildet. Einige der ältesten Belege für Leben auf der Erde sind Fossilien von Stromatolithen (siehe Abb. 5.3). Diese Strukturen bilden sich durch Mikrobenmatten, die Sand und Schlamm einfangen und aufnehmen können. Auf diesen sedimentgefüllten

Abb. 5.3 Heute noch lebende Stromatolithe in der Shark Bay (Westaustralien). (Quelle: https://commons.wikimedia.org/wiki/File:Stromatolites_in_Shark_Bay.jpg?uselang=de)

Mikrobenmatten können weitere Mikrobenmatten gedeihen, wodurch ein kissenartiger, geschichteter Aufbau aus Sedimenten entstehen kann. Stromatolithen können durch diese Prozesse im Laufe der Zeit auf eine Größe von einigen Dezimetern anwachsen. Makroskopische Fossilen von entsprechenden Bakterienmatten sind auf der Erde mit einem Alter von mindestens 3,7 Mrd. Jahren aus Gesteinsschichten in Grönland bekannt [19]. Neben Stromatolithen gibt es noch weitere mögliche, großräumige Hinterlassenschaften von Leben auf der frühen Erde. Im Norden Russlands beispielsweise existieren Shungit-Ablagerungen mit einer Masse von vielen Milliarden Tonnen. Dieses Gestein mit einem Alter von etwa 2 Mrd. Jahren besteht zu einem Großteil aus Kohlenstoff und ist vermutlich organischen Ursprungs [20]. Potentielle fossile Überreste von makroskopischen Tieren mit ähnlichem Alter wurden ebenfalls bereits gefunden. Gemäß verschiedenen Fossilienfunden könnten fremdartig aussehende Kreaturen mit Dezimetergröße bereits vor 2,1 Mrd. Jahren im heutigen Zentralafrika [21] und vor 1,6 Mrd. Jahren im heutigen China [22] existiert haben. Hier sollte jedoch angemerkt werden, dass die genaue Interpretation sehr alter, möglicher Fossilien in der Wissenschaftswelt noch diskutiert wird. Beispielsweise könnten anorganische, strukturierte Mineral-Aggregate in einem feinkörnigen Sediment den Eindruck von Fossilien erwecken [23]. Im Bereich des Pflanzenreichs gibt es Hinweise auf multizellulare Pflanzen, die vor über einer Milliarde Jahren wuchsen. In Gesteinsschichten im Kongobecken konnten mithilfe von geochemischen Analysen Überreste vom grünen Pflanzenfarbstoff Chlorophyll in entsprechenden Fossilien gefunden werden [24]. Zusätzlich wurden in Nordchina Fossilien von multizellularen Pflanzen mit einem Alter von über 1,6 Mrd. Jahren entdeckt [25]. Insgesamt kann also gesagt werden, dass schon recht früh auf der Erde makroskopische Signaturen von Leben zu beobachten gewesen waren.

Ein zu möglichen makroskopischen Fossilien komplementärer Startpunkt zur Lebenssuche auf dem Mars könnte über die Entdeckung von Anomalien in der Marslandschaft erfolgen. Eine äquivalente Suche nach Anomalien wird auf der Erde zur Auffindung von seltenen Steinen oder Artefakten bereits eingesetzt. Ein Beispiel für eine Anomaliensuche in einem bestimmten Gebiet ist die Fahndung nach einem frisch gefallenen Meteoriten in einem Wüstengebiet in Australien [26]. Zu diesem Zweck wurde mit einer Drohne eine Vielzahl von Luftaufnahmen des möglichen Einschlaggebiets erstellt. Parallel dazu wurde mit bekannten Meteoriten als Trainingsdaten ein neuronales Netzwerk optimiert, um entsprechende extraterrestrische Steine unter einer Vielzahl von irdischen Steinen zu finden. Mit dem derartig trainierten neuronalen Netzwerk wurden die gewonnenen Drohnenaufnahmen analysiert und der frisch gefallene Meteorit konnte tatsächlich identifiziert und gefunden werden.

Die zwei gerade besprochenen Startpunkte für eine Lebenssuche auf dem Mars könnten genutzt werden, um hier einen potentiell vielversprechenden Ansatz zu ermitteln. Einerseits waren vermutlich Lebensspuren auf der frühen Erde makroskopische Anomalien in der ansonsten unbewohnten Landschaft. Andererseits eignet sich eine Mustererkennung in drohnengenerierten Luftbildern zur Auffindung von Anomalien in einem Gelände. Im Überlappungsbereich dieser beiden Ansätze könnte man daher eine Suche nach makroskopischen Lebensspuren auf dem Mars mittels Drohnenflügen als interessante Strategie in Betracht ziehen. Entsprechende Forschungsprogramme wurden tatsächlich bereits ins Auge gefasst. So wurde die Möglichkeit von makroskopischen Fossilien, beispielsweise Mikrobenmatten, auf dem Mars bereits diskutiert [10].

Einige spezielle Oberflächenformen auf dem Marsgestein wurden mittlerweile sogar als eine Option im Rahmen von Marsfossilien erklärt [27]. Hierbei handelt es sich um Strukturen mit einer Größe von wenigen Millimetern, die als Spurenfossilien gedeutet wurden, die durch eine Interaktion von Marslebewesen mit ihrer Umgebung entstanden wären. Drohnenflüge auf dem Mars zur Identifikation von potentiell bewohnten Geländedeformationen wurden ebenfalls vorgeschlagen [28]. Eine Drohne kam auf dem Mars tatsächlich auch schon zum Einsatz [29]. Die Mars-Drohne *Ingenuity* der NASA hat bis Januar 2024 schon mehrere Dutzend Flüge durchgeführt (siehe Abb. 5.4). Die Marsatmosphäre bietet für Drohnenflüge jedoch besondere Herausforderungen. Wegen der geringen Atmosphärendichte muss dort der Rotor mit einer entsprechend hohen Drehzahl von etwa 2500 Umdrehungen pro Minute genug Auftrieb erzeugen, um sicherzustellen, dass die Drohne abhebt. Erleichternd für Drohnenflüge auf dem Mars ist allerdings die Tatsache, dass die Schwerkraft auf dem Mars lediglich ein Drittel der Schwerkraft auf der Erde beträgt. Zusammenfassend kann also gesagt werden, dass die drohnenbasierte Fahndung nach makroskopischen

Abb. 5.4 Mars-Drohne *Ingenuity*. (Quelle: NAS/JPL-Caltech/ASU/MSSS)

Fossilien eine mögliche Suchstrategie nach Marsleben darstellt. Uralte Lebensspuren von der Erde könnten hier als Trainingsdaten für eine entsprechende Mustererkennung dienen.

Eine Voraussetzung für eine erfolgreiche, drohnenbasierte Lebenssuche auf dem Mars wären allerdings eindeutig erkennbare, makroskopische Lebensspuren. Diese muss es auf dem Mars nicht notwendigerweise geben. Beispielsweise könnte komplexes Leben das Vorhandensein von genügend Sauerstoff in der Atmosphäre erfordern [30]. Es ist jedoch unklar, ob der Mars jemals entsprechende Bedingungen aufgewiesen hat. Zudem könnten umfassende chemische Analysen oder ausführliche Untersuchungen mit passenden Mikroskopen notwendig sein, um Leben mit hoher Wahrscheinlichkeit zu identifizieren. Diese Forschungsarbeiten sind derzeit allerdings nur auf der Erde in entsprechend ausgestatteten Laboren durchführbar. Daher könnte es notwendig werden, Proben vom Mars auf die Erde zu befördern, um sie hier zu untersuchen.

5.5 Rücktransport von Marsproben zur Erde

Einige Herausforderungen bei der Lebenssuche auf dem Mars lassen sich möglicherweise besonders gut an einem Fundstück aus der Antarktis ablesen. Dort wurde Mitte der 1980er-Jahre ein Meteorit gefunden, der vom Mars stammt. Marsmeteorite werden bei Asteroideneinschlägen auf dem Mars von dessen Oberfläche aus in den Weltraum geschleudert und später von der Erde in Form von Meteoriten eingefangen. In dem besagten Marsmeteorit aus der Antarktis meinte man, in Elektronenmikroskop-Aufnahmen Fossilien von Bakterien gefunden zu haben

[31]. Diese mögliche Entdeckung wird jedoch nach wie vor kontrovers diskutiert und ein biologischer Ursprung der gefundenen Strukturen im Gestein konnte nicht zweifelsfrei bewiesen werden. Dieses Beispiel zeigt, dass die Suche nach Marsleben eine komplexe Aufgabe darstellt, die nur mit einem beträchtlichen Analyseaufwand zu bewerkstelligen ist. Ähnliche Herausforderungen gelten übrigens auch für die Erforschung der ältesten Fossilien auf der Erde [32]. Eine Künstliche Intelligenz könnte allerdings bei der Entscheidung behilflich sein, welche Struktur in einem Gestein potentiell biologischen Ursprungs und damit ein Fossil ist und welche Struktur lediglich einem Fossil ähnelt. Dazu werden in einem ersten Schritt die chemische Zusammensetzung von bekannten kohlenstoffhaltigen Fossilien und die Inhaltsstoffe von bekannten kohlenstoffhaltigen Materialien mit nicht-biologischem Ursprung analysiert. Die Ergebnisse dieser Analyse dienen im nächsten Schritt als Trainingsdaten für ein künstliches neuronales Netzwerk. Das derartig trainierte Netzwerk ist in weiterer Folge in der Lage, unbekannte Fossilien mithilfe chemischer Analyse mit hoher Wahrscheinlichkeit zu identifizieren [33]. Eine entsprechend trainierte Künstliche Intelligenz wäre vorteilhaft beispielsweise auf einem Marsrover einsetzbar.

Um eine möglichst zweifelsarme Identifikation von Lebensspuren vom Mars zu gewährleisten, ist es jedoch vermutlich notwendig, Bodenproben vom Mars zur Erde zu bringen [34]. Diese können dann nach allen Regeln der Kunst auf der Erde untersucht werden. Die Rückbringung von Marsproben zur Erde ist eine sehr herausfordernde Unternehmung, die mehrere Flüge zum Mars erfordert, wobei die genauen Details einer entsprechenden Mission erst geklärt werden müssen. In einem ersten Schritt müssen die Marsproben gewonnen werden. Diese Anfangsphase der Mission ist derzeit tatsächlich bereits im Gange.

Der Marsrover *Perseverance* der NASA sammelt momentan Proben von vielversprechenden Bodenformationen, wobei die Beweglichkeit des Rovers den Besuch von verschiedenen Orten zur Probenentnahme erlaubt. In einer späteren Phase der Mission ist ein weiterer, eigener Flug zum Mars geplant, in dem die notwendige Rakete für einen Start von der Marsoberfläche zum Mars transportiert wird. Die vom Marsrover gesammelten Proben müssen dann in diese Rücktransportrakete verladen werden. Sowohl die Steuerung des Rovers als auch der Umladevorgang in das Rücktransportsystem müssen dabei mit einer gewissen autonomen Steuerung mithilfe einer Künstlichen Intelligenz bewerkstelligt werden, denn ein Funkbefehl von der Erde würde am Mars erst nach einigen Minuten eintreffen. Bei einer entsprechenden autonomen Steuerung könnte als eine Möglichkeit ein selbstlernendes System mit einem besonderen Lernverfahren eingesetzt werden. Dieses Verfahren basiert auf dem bestärkenden Lernen, wobei sich das System gemäß der Reaktion von Interaktionspartnern optimiert. Auf der Erde lernt im Zuge eines entsprechenden Verfahrens eine Künstliche Intelligenz von ihren Interaktionen mit den Menschen. Auf dem Mars werden dabei vermutlich keine menschlichen Interaktionen genutzt. Vielmehr lernt die Künstliche Intelligenz aus den Reaktionen eines weiteren unabhängigen künstlichen neuronalen Netzwerks [35].

Nach einem erfolgreichen Rücktransport der Marsproben zur Erde warten bereits weitere Herausforderungen auf die Forschenden. Bevor überhaupt eine Untersuchung der Proben erfolgen kann und ebenfalls während der Analyse der Proben, muss sowohl eine Kontamination der Marsproben durch Erdenleben als auch eine Kontamination der Erde durch mögliches Marsleben unter allen Umständen vermieden werden [36]. Dadurch wird einerseits sichergestellt, dass, falls Leben in den Marsproben gefunden wird, dieses tatsächlich vom Mars stammt. Anderseits wird dadurch vermieden, dass sich potentiell für irdisches Leben gefährliches, mögliches Marsleben auf der Erde ausbreiten könnte. Daher muss die Lebenssuche in Marsproben in einem Labor mit entsprechendem Sicherheitsstandard durchgeführt werden. Eine Einschleppung von Erdenleben auf dem Mars musste übrigens schon bei der Entsendung aller Landungssonden unterbunden werden. Hierzu werden Forschungssonden vor dem Start auf der Erde entsprechend sterilisiert. Einige Lebewesen auf der Erde wären unter Marsbedingungen prinzipiell überlebensfähig. Würden diese Lebewesen durch irdische Raumsonden auf dem Mars eingeschleppt werden, könnten sie die Marslandschaft um eine Landungssonde kontaminieren und sogar potentiell vorhandenes Marsleben beispielsweise als schmackhafte Mahlzeit betrachten und dadurch drastisch dezimieren. Im Extremfall könnte ein Marsrover bereits kontaminierte Proben gewinnen, worin sich eingeschlepptes Erdenleben ausgebreitet hat und dabei vorhandenes Marsleben vernichtet hat. Bei der bereits laufenden Aufnahme von Marsproben wurden alle notwendigen Sicherheitsmaßnahmen eingehalten und dadurch besteht die Hoffnung, dass unverschmutzte Proben zur Erde geschickt werden. Diese können nach ihrer Ankunft dann beispielsweise mit Elektronenmikroskopie untersucht und im Zuge von biochemischen Methoden analysiert werden. Mit sehr großer Spannung wird erwartet, welche Ergebnisse die Erforschung von Marsproben auf der Erde liefern werden.

Der am Anfang dieses Abschnitts erwähnte Marsmeteorit zeigt noch eine weitere Problematik bei der Suche nach Marsleben auf. Erde und Mars haben im Laufe ihres Bestehens mittlerweile eine Vielzahl von Meteoriten ausgetauscht. Mit diesen Transportmitteln könnte theoretisch auch Leben auf natürlichem Wege zwischen diesen beiden Planeten gereist sein [37]. Daher stellt sich bei einer möglichen Auffindung von Leben auf dem Mars unter anderem auch die Frage, wie unabhängig von der Erde dieses Marsleben entstanden wäre und wie unabhängig es sich entwickelt hätte. Damit könnte es nicht einfach werden, festzustellen, ob Leben an mehreren unterschiedlichen Orten unabhängig voneinander entstehen konnte. Als einen möglichen komplementären Zugang zu dieser Frage wollen wir uns als Nächstes Himmelskörper ansehen, die durch ihre größere Entfernung zur Erde weniger intensiv von einem Austausch von Material mit der Erde betroffen sind.

5.6 Eismonde

Eine der Möglichkeiten, nach extraterrestrischem Leben zu suchen, die vom Chatbot vorgeschlagen wurden, besteht darin, dem Wasser zu folgen. Hierzu gibt es im äußeren Sonnensystem interessante Optionen [38]. Beim Vorbeiflug der ersten Raumsonden am Jupitersystem erweckte ein Mond dieses Planeten eine besondere Aufmerksamkeit. Der Jupitermond Europa, ein Himmelskörper knapp kleiner als der Erdmond, zeigte eine besonders glatte Oberfläche. Objekte im Sonnensystem wie der Erdmond sind im Laufe der Jahrmilliarden ihres Bestehens fortlaufend von Asteroideneinschlägen betroffen. Daher zeigt etwa der Erdmond eine von Einschlagskratern dominierte Oberfläche. Bei Europa ist das jedoch nicht der Fall. Das legt nahe, dass sich die Oberfläche dieses Mondes ständig erneuert und dadurch ältere Krater nicht für längere Zeit sichtbar bleiben (siehe Abb. 5.5). Die Oberfläche von Europa besteht zum Großteil aus Wassereis. Eine mögliche Erklärung für die glatte Oberfläche besteht nun darin, dass Eisschollen auf einer Schicht aus flüssigem Wasser, einem flüssigen Wasserozean [39], schwimmen. Die ständige Umgestaltung älterer

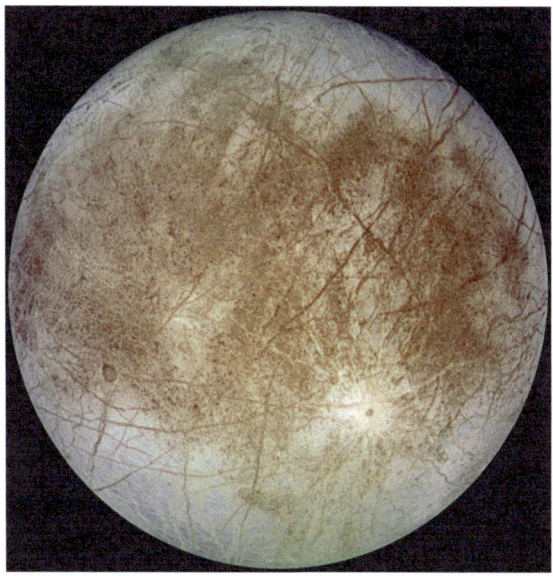

Abb. 5.5 Der Jupitermond Europa. Aufnahme der Raumsonde *Galileo*. (Quelle: NASA/JPL/DLR)

Oberflächenstrukturen erfolgt durch Prozesse in Verbindung mit diesen Eisschollen, die der irdischen Plattentektonik ähneln. Für die Eisschicht über diesem Ozean wird eine Dicke von wenigen Kilometern bis über zehn Kilometern angenommen (siehe Abb. 5.6). Die Oberflächentemperatur von Europa beträgt allerdings durch seine Sonnenferne lediglich etwa minus 200 bis minus 130 °C. Ohne eine zusätzliche Energiequelle sollte damit flüssiges Wasser nicht existieren. Das Innere von Europa wird jedoch durch die Gezeitenkräfte von Jupiter ständig durchgeknetet und dadurch erwärmt. Diese innere Wärme wäre eine mögliche Erklärung für das Vorhandensein eines flüssigen Ozeans. Besonders aus astrobiologischer Sicht wäre ein Ozean aus flüssigem Wasser auf Europa eine spannende Entdeckung

Abb. 5.6 Unter der Eisoberfläche von Europa könnte sich ein Ozean aus flüssigem Wasser befinden. Im Hintergrund dieser künstlerischen Darstellung ist der vulkanisch aktive Jupitermond Io zu sehen. (Quelle: NASA/JPL-Caltech)

[40]. Es wäre denkbar, dass sich unter der vereisten Oberfläche von Europa Leben in diesem flüssigen Wasser entwickelt haben könnte. Die Umweltbedingungen im Ozean auf Europa könnten teilweise eine gewisse Ähnlichkeit mit den Gegebenheiten in den polaren, subglazialen Seen oder der Tiefsee hier auf der Erde aufweisen. Analog zu diesen Lebensräumen auf der Erde müsste hypothetisches Europaleben ebenfalls ohne Sonnenlicht auskommen. In der

Tiefsee der Erde gibt es hierzu Beispiele von Lebensgemeinschaften, wie sie etwa in der Nähe von Hydrothermalquellen zu finden sind, die diese Herausforderung zu meistern gelernt haben.

Ein weiteres astrobiologisch interessantes, wasserreiches Objekt im äußeren Sonnensystem ist der Saturnmond Enceladus (siehe Abb. 5.7). Dieser Himmelskörper hat einen Durchmesser, der etwa mit dem Durchmesser der Nordsee vergleichbar ist. Er weist eine besonders helle Oberfläche auf, wobei die Farbe seiner Oberfläche etwa der Farbe von frisch gefallenem Schnee entspricht. Besonders spannend ist die Südpolregion von Enceladus [41]. Dort wurde im

Abb. 5.7 Der Saturnmond Enceladus, aufgenommen durch die Raumsonde *Cassini*. (Quelle: NASA/JPL/Space Science Institute)

Vergleich mit der typischen Oberflächentemperatur von minus 200 °C eine um etwa 20 °C höhere Temperatur gemessen und zudem beobachtet man dort streifenförmige Strukturen. Als Energiequelle für die ungewöhnliche Oberflächenerwärmung werden die Gezeitenkräfte des Saturnsystems angenommen. Bei den Streifen handelt es sich vermutlich um spaltenförmige Kryovulkane, die im Gegensatz zu irdischen Vulkanen Wasser statt geschmolzenem Gestein ausstoßen. Die geysirartigen Fontänen werden in eine Höhe von vielen Kilometern über der Enceladus-Oberfläche geschleudert. Diese weitreichenden Materialauswürfe erlauben eine Untersuchung des Auswurfsmaterials durch vorbeifliegende Raumflugkörper. Der Raumsonde *Cassini* gelangen Durchflüge durch diese Fontänen mit Annäherungen an die Oberfläche des Mondes auf wenige zehn Kilometer, wobei die Zusammensetzung des Auswurfsmaterials analysiert werden konnte. Dort konnten beispielsweise Substanzen wie Wasser, Kohlendioxid und Methan sowie organische Materialien gefunden werden [42]. Generell geht man davon aus, dass es unter der Oberfläche von Enceladus Reservoirs mit flüssigem Wasser gibt, in denen hydrothermale Prozesse ablaufen können. Diese Wasser-Taschen wären der Ausgangspunkt für die beobachteten Kryovulkane. Zusätzlich könnten die Wasserreservoire günstige Bedingungen für das Vorhandensein von Leben bieten.

5.7 Landen, Bohren und Schmelzen auf den Eismonden

Die Erforschung von subglazialen Gewässern auf den Monden des Jupiters und des Saturn erfordert die Meisterung besonderer Herausforderungen. Um zum flüssigen Wasser zu gelangen, müssten unter Umständen kilometerdicke Eisschichten überwunden werden [43]. Bevor jedoch entsprechende komplexe Raumfahrtmissionen unternommen werden, ist erstmals eine Erkundung der Europaoberfläche geplant. Zur weiteren Erforschung von Europa haben sowohl die Europäische Weltraumorganisation (ESA, engl.: European Space Agency) als auch die amerikanische Weltraumorganisation NASA bereits Sonden gestartet. Für diese beiden Raumflugkörper sind mehrere Vorbeiflüge an Europa geplant, wobei unter anderem dessen Oberfläche genauer untersucht werden soll. Für diese beiden Missionen ist keine Landung auf Europa vorgesehen, jedoch ist im Rahmen der Missionen geplant, geeignete Landungsstellen für mögliche, nachfolgende Sonden zu identifizieren, wo diese dann landen und nach Leben suchen könnten. Darüber hinaus wird derzeit auch an Vorrichtungen geforscht, die die Eiskruste von Europa tatsächlich durchdringen können, um den subglazialen Ozean zu befahren (siehe Abb. 5.8). Beispielsweise werden bereits verschiedene Schmelzsonden bei der Erforschung von subglazialen Seen auf der Erde getestet. Spezifisch für Europa wurde vorgeschlagen, einen kompakten Kernreaktor zu nutzen, um mit dessen Wärmeentwicklung die Eiskruste des Mondes zu durchdringen [44]. Diese Sonde könnte sich nach einer Befahrung des subglazialen Ozeans und einer dortigen Probenentnahme wieder durch die Eiskruste schmelzen, um die Oberfläche von Europa zu erreichen. Ein entsprechendes Konzept würde jedoch eine sehr komplexe und entsprechend teure Raumfahrtmission erfordern, wobei der Betrieb eines Kernreaktors noch zusätzliche Risiken mit sich bringen würde. Deutlich einfacher und kostengünstiger wäre die Nutzung eines Projektils, das mit hoher Geschwindigkeit auf die Eiskruste von Europa geschossen würde [45]. Astrobiologische Untersuchungen würden bei einer entsprechenden Mission am Fußpunkt des Einschlagskanals durchgeführt werden. Mit

Abb. 5.8 Künstlerische Darstellung eines autonomen Unterwasserfahrzeugs, das ein subglaziales Gewässer auf einem Eismond erforscht. Diese Unterwasserdrohne wurde mithilfe einer Schmelzsonde an ihren Einsatzort gebracht. (Quelle: NASA)

diesem Vorgehen wäre allerdings lediglich eine begrenzte Tiefe im Eis erreichbar. Nichtsdestoweniger könnten auf diesem Weg die Bedingungen in bestimmten Bereichen unter der Oberfläche von Europa erforscht werden.

Im Vergleich mit dem Jupitermond Europa erlauben die Gegebenheiten am Saturnmond Enceladus vermutlich ein einfacheres Erreichen von flüssigem Wasser. Hier wären unterschiedliche Missionskonzepte möglich. Für diesen Himmelskörper wurde beispielsweise eine Kombination einer umkreisenden Raumsonde und einer Landungsmission vorgeschlagen [46]. Die umkreisende Raumsonde könnte dabei wiederholt die Fontänen der Kryovulkane durchfliegen und dabei das Auswurfsmaterial untersuchen

[47]. Für die Landungsmission wäre denkbar, dass speziell konstruierte Roboter das Innere der Spalten der Kryovulkane befahren (siehe Abb. 5.9). Beispielsweise könnte ein schlangenförmiger Roboter zum Einsatz kommen [48]. Entsprechende Roboter könnten sich mithilfe einer Vielzahl rotierender Segmente sowohl durch enge Spalten bewegen als auch in flüssigem Wasser schwimmen. Alternativ wären ferner die Nutzung von katheterartigen Vorrichtungen [49] oder einem Schwarm aus mobilen, insektenartigen Nanorobotern [50, 51] vorstellbar, um die Spalten im Eispanzer von Enceladus zu durchdringen und subglaziale Wasserreservoire zu erforschen.

Sollte ein durch eine Künstliche Intelligenz gesteuerter Roboter auf extraterrestrisches Leben stoßen, wird er mit der Aufgabe konfrontiert, das Leben auch als solches zu erkennen. Da eine Lebensidentifikation eine große Herausforderung darstellt, wäre es dabei vorteilhaft, wenn die Künstliche Intelligenz mehrere, konzeptionell unabhängige Methoden zur Lebensbestimmung durchführt. Diese Strategie wäre prinzipiell geeignet, eine zweifelsarme Feststellung von Leben zu ermöglichen. Leben würde sich

Abb. 5.9 Künstlerische Darstellung eines schlangenartigen Roboters auf Enceladus. (Quelle: NASA/JPL-CALTECH)

demnach vermutlich dadurch auszeichnen, dass ein positives Ergebnis in allen, oder zumindest möglichst vielen, dieser Untersuchungskanäle vorläge. Verschiedene Beobachtungskanäle wären hierzu denkbar. Beispielsweise könnte eine erste entsprechende Methode in einer biochemischen Analyse bestehen, eine weitere könnte die Analyse der Beweglichkeit und des Verhaltens von gefundenen Objekten beinhalten und wieder eine weitere könnte auf der Untersuchung der räumlichen Struktur und der Oberflächenmerkmale von Lebenskandidaten basieren. Unterschiedliche Objekte oder Strukturen auf den Eismonden könnten sich durch bestimmte Kombinationen an Eigenschaften in diesen Beobachtungskanälen auszeichnen. In einem irdischen Beispiel würden sich Steine, Quallen und Schwämme im Hinblick auf chemische Zusammensetzung, Beweglichkeit und Oberflächenbeschaffenheit deutlich unterscheiden. Manche Kombinationen dieser Eigenschaften können dabei als vielversprechendere Anzeichen von Leben gewertet werden als andere. Entsprechende vielversprechende Merkmalskombinationen wären potentiell auch auf den Eismonden zur Lebensidentifikation anwendbar. Zusätzlich wäre denkbar, die Vielzahl von Beobachtungskanälen zu nutzen, um weiteren, davon abweichenden Kombinationen von Beobachtungsbefunden nachzugehen. Besonders interessant wären hier möglicherweise unerwartete oder anomale Kombinationen von Analyseergebnissen. Damit wären auch alternative Lebensidentifikationsstrategien möglich.

Eine Vielzahl von Analysekanälen kann jedoch gemeinsam große Datenraten produzieren. Durch die große Entfernung der Eismonde zur Erde sind lediglich Sendungen zur Erde mit einer geringen Datenrate und einer großen zeitlichen Verzögerung möglich. Daher kann nur ein kleiner Teil der Daten tatsächlich zur Erde geschickt werden. Insgesamt muss somit eine gewisse Priorisierung der Daten vorgenommen werden, wobei die entsprechenden Entscheidungen wohl zumindest teilweise von einer Künstlichen Intelligenz auf der Raumsonde selbst getroffen werden müssten [52]. Diese Priorisierung könnte gemäß der Kombination verschiedener Lebensindikatoren erfolgen. Lediglich die solchermaßen identifizierten, vielversprechendsten Entdeckungen einer Forschungssonde würden an die Erde versendet werden.

Eine Nutzung einer Vielzahl von Beobachtungskanälen wäre ebenfalls für eine Missionsplanung für einen autonomen Roboter einsetzbar. Eine Forschungssonde in einem subglazialen Gewässer im äußeren Sonnensystem benötigt eine entsprechende, auf einer Künstlichen Intelligenz basierende, autonome Steuerung, da Steuerbefehle von der Erde nur mit großer zeitlicher Verzögerung oder, im Falle einer Kontaktunterbrechung mit der Erde, nicht empfangen werden können. Die Künstliche Intelligenz könnte eine Vielzahl von Beobachtungskanälen analysieren und die Planung ihres weiteren Vorgehens und ihrer Bewegungsrichtung darauf abstimmen, vielversprechende Kombinationen von Messwerten in den unterschiedlichen Beobachtungskanälen nachzuverfolgen. Eine Nachverfolgung aller möglichen Kombinationen von Beobachtungsergebnissen wird jedoch aus zeitlichen und missionsökonomischen Gründen wohl nicht möglich sein. Zusammenfassend kann gesagt werden, dass vermutlich nur ein kleiner Teil der gewonnenen Daten zur Planung der weiteren Mission genutzt werden kann und dass wohl nur eine eingeschränkte Menge an Daten zur Erde gelangen wird, um von Menschen untersucht zu werden.

5.8 Titan

Ein anderer Mond des Saturn bietet noch eine weitere Möglichkeit, nach, verglichen mit irdischen Maßstäben, exotischem Leben zu suchen: Titan. In diesem Zusammenhang wurde ich vom Chatbot darauf hingewiesen, dass jedes bekannte Leben auf der Erde Wasser als Lösungsmittel nutzt, dies jedoch nicht notwendigerweise für alle denkbaren Lebensformen der Fall sein muss. Titan bietet eine vielversprechende Umwelt, um nach Leben zu suchen, die nicht auf Wasserbasis funktionieren würde. Titan übertrifft mit seiner Größe die Ausmaße des Erdenmondes um etwa das Eineinhalbfache. Damit ist er der größte Mond des Saturn und der zweitgrößte Mond im ganzen Sonnensystem (nach dem Jupitermond Ganymed). Er ist der einzige Mond im Sonnensystem, der eine dichte Atmosphäre aufweist. Die Titanatmosphäre besteht überwiegend aus Stickstoff [53], wobei der Atmosphärendruck auf seiner Oberfläche den irdischen Luftdruck auf Meeresniveau um etwa fünfzig Prozent übertrifft. Erstaunlicherweise befinden sich Seen und Meere auf der Oberfläche des Titans [54]. Bei einer Oberflächentemperatur von etwa minus 180 °C enthalten diese Gewässer jedoch kein Wasser, sondern hauptsächlich Kohlenwasserstoffe wie Methan und Ethan in flüssiger Form (siehe Abb. 5.10). Die größten dieser Gewässer haben Flächen, die vergleichbar sind mit den flächenmäßig größten Binnengewässern der Erde. Einige dieser Gewässer sind mit einer maximalen Tiefe von wenigen Metern relativ flach, wohingegen andere Titangewässer Tiefen von über hundert Metern aufweisen können.

Eine spannende Entdeckung im Zusammenhang mit der Atmosphäre des Titans besteht darin, dass bestimmte Gase, beispielsweise Wasserstoff, an der Mondoberfläche aus unklaren Gründen zu verschwinden scheinen [55].

Abb. 5.10 Kohlenwasserstoffgewässer auf der Oberfläche des Saturnmondes Titan. Gezeigt ist ein Radarbild der *Cassini*-Sonde. (Quelle: NASA/JPL-Caltech/USGS)

Hierbei könnte es sich einerseits um einen noch nicht gänzlich verstandenen, anorganischen chemischen Prozess handeln oder aber andererseits um Stoffwechselvorgänge von Titanleben. Durch die extrem tiefen Oberflächentemperaturen auf Titan würde die zweite Möglichkeit jedoch vermutlich beinhalten, dass die Wasserstoffkonsumenten nicht auf Wasserbasis arbeiten würden. Tatsächlich gibt es Überlegungen zu methanbasiertem Leben, das entsprechende Stoffwechselvorgänge zeigen könnte [56]. Bei diesen hypothetischen Lebensformen würden Kohlenwasserstoffe statt Wasser als Lösungsmittel genutzt werden. Titan mit seinen Kohlenwasserstoffgewässern könnte eine potentielle Heimat von solchem methanbasierten Leben sein. Die Entdeckung von Lebensformen, die sich vom Erdenleben derart dramatisch unterscheiden, würde unseren Blick auf das Universum revolutionieren. Insbesondere würden sie zumindest zwei wichtige Konsequenzen für die Lebenssuche an sich implizieren. Einerseits würde sich daraus eine weitere Möglichkeit für eine habitable Zone um Sterne bieten, die nicht direkt mit dem Vorhandensein von flüssigem Wasser in Verbindung steht. Anderseits wäre klar, dass sich methanbasiertes Leben unabhängig vom wasserbasierten Leben der Erde entwickelt haben muss. Damit wäre auch erwiesen, dass es mehrere Wege zum Leben gibt. Die genauere Erforschung von Titan ist daher von einer besonderen astrobiologischen Bedeutung.

5.9 Ballone, U-Boote und Drohnen auf Titan

Die einzigartigen Gegebenheiten auf Titan würden die Durchführung von besonderen Raumfahrtmissionen erlauben, die auf atmosphärenlosen und trockenen Himmelskörpern nicht möglich wären. Beispielsweise könnten Ballone in der Titanatmosphäre schweben und schiffsartige Geräte könnten die Gewässer dort befahren (siehe Abb. 5.11). In der Tat existieren Vorschläge für eine komplexe Mission, die sowohl Ballonfahrten als auch schwimmende Landevorrichtungen beinhalten [57, 58]. Zusätzlich zur Erforschung der Titanatmosphäre und der Gewässeroberflächen wäre eine Untersuchung der

5 Extraterrestrisches Leben in unserem ... 125

Abb. 5.11 Künstlerische Darstellung einer schwimmenden Sonde auf Titan zur Erforschung der Kohlenwasserstoffgewässer. Die dichte Atmosphäre dieses Mondes würde zusätzlich oder alternativ Ballonfahrten erlauben. (Quelle: NASA/JPL/ESA/TSSM-project team)

Flüssigkeitskörper und des Grunds der Gewässer äußerst interessant. Dies könnte relativ einfach und kostengünstig aus einer Analyse von Luftbildern erfolgen, die zu unterschiedlichen Zeiten und/oder mit unterschiedlichen Eindringtiefen in die Flüssigkeiten erstellt werden [59]. Mit dieser Methode könnten beispielsweise makroskopische Strukturen analog zu Stromatolithen gefunden werden. Für detailliertere Untersuchungen müssten jedoch U-Boote auf Titan zum Einsatz kommen [58, 60], um direkt in den Gewässern nach Lebensspuren zu suchen. Diese Strategie hätte den Vorteil, dass man in diesem Rahmen umfangreiche Untersuchungen vor Ort wie chemische Analysen durchführen könnte. Allerdings würde eine U-Boot-Mission auf Titan eine sehr komplexe und technologisch aufwendige Unternehmung darstellen.

Tatsächlich geplant ist derzeit die Mission *Dragonfly* mit einem Einsatz einer Quadrokopter-Drohne auf dem Titan [61]. Starttermin für diese Mission ist voraussichtlich gegen Ende der 2020er-Jahre mit einer Ankunft bei Titan Mitte der 2030er-Jahre. Die Drohne, die etwa die Größe eines Kleinwagens aufweisen wird, sollte über einen Zeitraum von Jahren mehrere Orte auf der Titanoberfläche besuchen und astrobiologisch untersuchen (siehe Abb. 5.12). Als Landestelle ist derzeit die Umgebung eines Einschlagkraters geplant, der nach seinem Einschlag Kryovulkanismus-Aktivität mit flüssigem Wasser gezeigt haben könnte. Diese Untersuchungsregion hätte den Vorteil, dass dort vorteilhaft sowohl nach uns bekannterem Leben gesucht werden kann, das Wasser als Lösungsmittel nutzt, als auch nach potentiellem, exotischerem Leben gefahndet werden kann, das Kohlenwasserstoffe als Lösungsmittel einsetzt.

Falls es Leben auf Titan geben sollte, wäre es denkbar, dass sich dieses Titanleben grundlegend von irdischem Leben unterscheidet. Titanleben überhaupt als Leben zu

Abb. 5.12 Künstlerische Darstellung einer quadrokopterbasierten Mission auf Titan. Geplant ist die Entsendung einer etwa kleinwagengroßen Flugdrohne. (Quelle: NASA)

identifizieren, könnte daher ein herausforderndes Unterfangen darstellen. Idealerweise sollten in diesem Fall möglichst wenige Grundannahmen wie bestimmte Annahmen zur Biochemie in die Lebensidentifikation einfließen. Eine grundlegende Eigenschaft von Leben könnte darin bestehen, dass es im Vergleich zu unbelebten Gegenständen in der Regel eine deutlich komplexere Struktur aufweisen würde. Beispielsweise sind typischerweise irdische organische Moleküle deutlich komplexer als anorganische Moleküle oder die Oberflächenbeschaffenheit von lebenden Schwämmen ist meist komplexer als jene von unbelebten Steinen. Entsprechend könnte eine Strategie zur Lebenssuche in einer von der Erde sehr unterschiedlichen Umgebung darin bestehen, nach möglichst komplexen Objekten Ausschau zu halten [62]. Objekte mit komplexer Struktur oder Zusammensetzung hätten demnach eine höhere Wahrscheinlichkeit, Leben zu sein, als einfach aufgebaute Objekte. Diese Suchstrategie wäre unabhängig von der genauen chemischen Basis von Leben und dem von diesem Leben genutzten Lösungsmittel. Titan wäre potentiell ein bevorzugter Ort, eine entsprechende Lebensidentifikation zu verfolgen.

Wie wir gesehen haben, gibt es bereits in unserem Sonnensystem recht exotische, potentielle Habitate. In anderen Sternsystemen könnte es noch eine deutlich größere Variation an möglichen Lebensräumen geben. Daher wollen wir uns im nächsten Kapitel Planetensysteme um andere Sterne genauer ansehen.

Literatur

1. Kane, S. R. & Byrne, P. B.; Venus as an Anchor Point for Planetary Habitability; eprint arXiv:2403.08830 (2024)
2. Way, M. J., et al.; Was Venus the First Habitable World of our Solar System? Geophysical Research Letters. 43. Jahrgang, Nr. 16, S. 8376–8383 (2016)

3. Constantinou, T., et al.; A dry Venusian interior constrained by atmospheric chemistry; Nat Astron (2024). https://doi.org/10.1038/s41550-024-02414-5 [abgerufen am 13.12.2024]
4. Limaye, S. S., et al.; Venus' Spectral Signatures and the Potential for Life in the Clouds; Astrobiology, Volume 18, Issue 9, pp.1181–1198 (2018)
5. Vivenzio, S., et al.; Feasibility Analysis and Preliminary Design of ChipSat Entry for In-situ Investigation of the Atmosphere of Venus; eprint arXiv:2009.08396 (2020)
6. Seager, S., et al.; Venus Life Finder Mission Study; eprint arXiv:2112.05153 (2021)
7. Fairén, A. G., et al.; Astrobiology through the Ages of Mars: The Study of Terrestrial Analogues to Understand the Habitability of Mars; Astrobiology, vol. 10, issue 8, pp. 821–843 (2010)
8. Salese, F., et al.; Sustained fluvial deposition recorded in Mars' Noachian stratigraphic record; Nature Communications, 11, Article number: 2067 (2020)
9. Davila, A. F. & Schulze-Makuch, D.; The Last Possible Outposts for Life on Mars; Astrobiology, Volume 16, Issue 2, 2016, pp.159–168 (2016)
10. Summons,R. et al.; Preservation of Martian Organic and Environmental Records: Final Report of the Mars Biosignature Working Group; Astrobiology 11, no. 2: 157–181 (2011)
11. Orosei, R., et al.; Radar evidence of subglacial liquid water on Mars; Science, Vol 361, Issue 6401, pp. 490–493 (2018)
12. Lalich, D. E. et al.; Small variations in ice composition and layer thickness explain bright reflections below martian polar cap without liquid water; Science Advances, Vol. 10 Issue 23, edj9546 (2024)
13. Michalski, J. R., et al.; Ancient hydrothermal seafloor deposits in Eridania basin on Mars; Nature Communications, 8, Article number: 15978 (2017)
14. Léveillé, R. J. & Datta, S.; Lava tubes and basaltic caves as astrobiological targets on Earth and Mars: A review;

Planetary and Space Science, Volume 58, Issue 4, p. 592–598 (2010)
15. Chen, T. G., et al.; Locomotion as manipulation with ReachBot; Science Robotics, Vol. 9, Issue 89, eadi9762 (2024)
16. de Solla Price, D. J.; Networks of Scientific Papers: The pattern of bibliographic references indicates the nature of the scientific research front; Science, Vol 149, Issue 3683, pp. 510–515 (1965)
17. Swanson, D. R.; Fish Oil, Raynaud's Syndrome, and Undiscovered Public Knowledge; Perspectives in Biology and Medicine, 30, 7–18 (1986)
18. Tonietti, L. et al.; Exploring the Development of Astrobiology Scientific Research through Bibliometric Network Analysis: A Focus on Biomining and Bioleaching; Minerals, vol. 13, issue 6, p. 797 (2023)
19. Nurman, A. P., et al.; Rapid emergence of life shown by discovery of 3,700-million-year-old microbial structures; Nature, 537, 535–538 (2016)
20. Melezhik, V. A., et al.; A giant Palaeoproterozoic deposit of shungite in NW Russia: genesis and practical applications; Ore Geology Reviews, Volume 24, Issues 1-2, pages 135-154 (2004)
21. El Albani, A., et al.; Large colonial organisms with coordinated growth in oxygenated environments 2.1 Gyr ago; Nature, 466, 100–104 (2010)
22. Zhu, S., et al.; Decimetre-scale multicellular eukaryotes from the 1.56-billion-year-old Gaoyuzhuang Formation in North China; Nature Communications, 7, Article number: 11500 (2016)
23. Anderson, R. P., et al.; Macroscopic Structures in the 1.1 Ga Continental Copper Harbor Formation: Concretions or Fossils? Palaios 31 (7): 327–338 (2016)
24. Sforna, M. C., et al.; Intracellular bound chlorophyll residues identify 1 Gyr-old fossils as eukaryotic algae; Nature Communications, 13, Article number: 146 (2022)
25. Miao, L., et al.; 1.63-billion-year-old multicellular eukaryotes from the Chuanlinggou Formation in North China; Science Advances 24 Jan 2024 Vol 10, Issue 4 (2024)

26. Anderson, S. L., et al.; Successful Recovery of an Observed Meteorite Fall Using Drones and Machine Learning; eprint arXiv:2203.01466 (2022)
27. Baucon, A., et al.; Ichnofossils, Cracks or Crystals? A Test for Biogenicity of Stick-Like Structures from Vera Rubin Ridge, Mars; Geosciences. 10 (2): 39 (2020)
28. Warren-Rhodes, K., et al.; Orbit-to-ground framework to decode and predict biosignature patterns in terrestrial analogues; Nature Astronomy, 7, 406–422 (2023)
29. https://science.nasa.gov/mission/mars-2020-perseverance/ingenuity-mars-helicopter/ [abgerufen am 21.11.2024]
30. Catlin, D. C., et al.; Why O2 Is Required by Complex Life on Habitable Planets and the Concept of Planetary „Oxygenation Time"; Astrobiology, Volume 5, Issue 3, pp. 415–438 (2005)
31. McKay, D. S., et al.; Search for past life on Mars: Possible relic biogenic activity in martian meteorite ALH 84001; Science, Vol. 273, S. 924–930 (1996)
32. Brassier, M. D., et al.; Changing the picture of Earth's earliest fossils (3.5–1.9 Ga) with new approaches and new discoveries; PNAS, 112, 4859–4864 (2015)
33. Cleves, J. & Hazen, R.; A robust, agnostic molecular biosignature based on machine Learning; PNAS 120 (41) e2307149120 (2023)
34. https://mars.nasa.gov/msr/ [abgerufen am 21.11.2024]
35. DE 10 2019 105 280 A1
36. Kminek, G., et al.; COSPAR Sample Safety Assessment Framework (SSAF); Astrobiology, Volume 22, Issue S1, pp. S-186-S-216 (2022)
37. Burchell, M., J.; Panspermia today; International Journal of Astrobiology, vol. 3, Issue 02, p.73–80 (2004)
38. Hand, K. P., et al.; On the Habitability and Future Exploration of Ocean Worlds; Space Science Reviews, Volume 216, Issue 5, article id.95 (2020)
39. Zimmer, C., et al.; Subsurface Oceans on Europa and Callisto: Constraints from Galileo Magnetometer Observations; Icarus, Volume 147, Issue 2, pp. 329–347 (2000)

40. Irwin, L. N. & Schluze-Makuch, D.; Strategy for Modeling Putative Multilevel Ecosystems on Europa; Astrobiology, Volume 3, Issue 4, pp. 813–821 (2003)
41. Porco, C. C., et al.; Cassini Observes the Active South Pole of Enceladus; Science, Volume 311, Issue 5766, pp. 1393–1401 (2006)
42. Waite, J. H., et al.; Cassini finds molecular hydrogen in the Enceladus plume: Evidence for hydrothermal processes; Science, Volume 356, Issue 6334, pp. 155–159 (2017)
43. Dachwald, B., et al.; Key Technologies and Instrumentation for Subsurface Exploration of Ocean Worlds; Space Science Reviews, Volume 216, Issue 5, article id.83
44. Powell, J., et al.; NEMO: A mission to search for and return to Earth possible life forms on Europa; Acta Astronautica, Volume 57, Issue 2-8, p. 579–593 (2005)
45. Gowan, R. A., et al.; Penetrators for in situ subsurface investigations of Europa; Advances in Space Research, Volume 48, Issue 4, p. 725–742 (2011)
46. https://nap.nationalacademies.org/catalog/26522/origins-worlds-and-life-a-decadal-strategy-for-planetary-science [abgerufen am 21.11.2024]
47. Klenner, F., et al.; How to identify cell material in a single ice grain emitted from Enceladus or Europa; Science Advances, Vol. 10, Issue 12: eadl0849 (2024)
48. Vaquero, T. S., et al.; EELS: Autonomous snake-like robot with task and motion planning capabilities for ice world exploration; Science Robotics, Vol 9, Issue 88: eadh8332 (2024)
49. WO 2018 / 191 658 A1
50. EP 3 018 501 B1
51. US 2010 / 0 102 986 A1
52. Wronkiewicz, M., et al.; Onboard Science Instrument Autonomy for the Detection of Microscopy Biosignatures on the Ocean Worlds Life Surveyor; eprint arXiv:2304.13189 (2023)
53. Nixon, C. A.; The Composition and Chemistry of Titan's Atmosphere; eprint arXiv:2402.17116 (2024)

54. Stofan, E. R., et al.; The lakes of Titan; Nature, Volume 445, Issue 7123, pp. 61–64 (2007)
55. Strobel, D. F.; Molecular hydrogen in Titan's atmosphere: Implications of the measured tropospheric and thermospheric mole fractions; Icarus, Volume 208, Issue 2, p. 878–886 (2010)
56. McKay, C. P. & Smith, H. D.; Possibilities for methanogenic life in liquid methane on the surface of Titan; Icarus, Volume 178, Issue 1, p. 274–276 (2005)
57. https://de.wikipedia.org/wiki/Tandem_(Raumsonde) [abgerufen am 21.11.2024]
58. US 2015 / 0 344 109 A1
59. US 2016 / 0 247 011 A1
60. https://ntrs.nasa.gov/citations/20150014581 [abgerufen am 21.11.2024]
61. Barnes, J., W., et al.; Science Goals and Objectives for the Dragonfly Titan Rotorcraft Relocatable Lander; The Planetary Science Journal, Volume 2, Issue 4, id.130, 18 pp (2021)
62. https://www.centauri-dreams.org/2023/05/16/assembly-theory-at-a-new-approach-to-detecting-extraterrestrial-life-unrecognizable-by-present-technologies/

6

Belebte Exoplaneten

Planetensysteme um andere Sterne sind typischerweise hunderttausendmal weiter entfernt von der Erde als Objekte in unserem Sonnensystem. Aufgrund der großen Anzahl an Exoplaneten wäre es jedoch denkbar, dass es auf einigen von ihnen besonders vorteilhafte Bedingungen für die Entstehung und Entwicklung von Leben gibt. Welten mit einer entsprechend reichhaltigen Biosphäre könnten weithin sichtbare Signaturen von Leben aufweisen, wobei diese Signaturen sogar aus großer Entfernung wie etwa bei Vorbeiflügen von interstellaren Raumsonden oder sogar mit speziellen Teleskopen von der Erde aus beobachtbar wären.

6.1 Superhabitable Welten

Das einzige bekannte Objekt mit reichhaltiger Biosphäre im Sonnensystem ist die Erde. Auf den anderen potentiell bewohnbaren Himmelskörpern in unserem Heimatsystem könnte Leben, wenn überhaupt, bestenfalls besonders geschützte Habitate bewohnen. Für eine Suche nach weiteren Welten mit komplexer Biosphäre muss man sich daher vermutlich anderen Sternsystemen zuwenden. In der Milchstraße existieren höchstwahrscheinlich Milliarden von Planeten mit recht unterschiedlichen Eigenschaften. Wie schon die heißen Jupiter gezeigt haben, sind dabei in anderen Planetensystemen Objektklassen vorhanden, die es im Sonnensystem nicht gibt. Bestimmte extrasolare Planeten bieten dabei im Vergleich mit den Gegebenheiten in unserem Sonnensystem für Leben sehr unterschiedliche Voraussetzungen, wobei in einigen Fällen die Lebensbedingungen auch sehr günstig ausfallen könnten.

Sollten sich tatsächlich komplexe Ökosysteme auf bestimmten extrasolaren Planeten gebildet haben, wäre es denkbar, dass die dort beheimateten Lebewesen das Aussehen des Planeten komplett verändern. Beispielsweise könnten in den Atmosphären von Exoplaneten hohe Konzentrationen von Stoffwechselprodukten von Leben gefunden werden oder die Färbung der Oberfläche bestimmter Himmelskörper könnte auf einen Bewuchs mit pflanzenartigem Leben hinweisen. Analog werden beispielsweise weite Bereiche der Erdoberfläche von Pflanzen bedeckt und Pflanzen haben durch ihre Sauerstoffproduktion die Chemie der Erdatmosphäre entscheidend verändert. Planetenweite Lebenssignaturen wären sogar noch aus großer Entfernung beobachtbar. Daher sind entsprechende Welten bevorzugte Objekte zur Suche nach extraterrestrischem Leben. Dieser Forschungsansatz ist dabei komplementär zu einer Lebenssuche in unserem Sonnensystem, wobei nicht klar ist, welcher der Zugänge erfolgsversprechender sein wird.

Besonders bevorzugte Ziele einer Lebenssuche wären etwa Planeten, die noch vorteilhaftere Lebensbedingungen aufweisen als die Erde. In der Milchstraße gibt es vermutlich viele Milliarden unterschiedlicher Planeten, und es wäre denkbar, dass es innerhalb der Vielzahl von Welten einige außergewöhnlich lebensfreundliche Planeten tatsächlich gibt [1]. Bestimmte Planeteneigenschaften wären vermutlich für die Entfaltung von Leben besonders förderlich. Beispielsweise könnten diese superhabitablen Planeten insgesamt eine größere Oberfläche mit noch unterschiedlicheren möglichen Lebensräumen besitzen als die Erde und somit noch zusätzliche Entwicklungsmöglichkeiten für Leben bieten. Zusätzlich sollten diese Planeten eine leicht höhere durchschnittliche Oberflächentemperatur aufweisen als die Erde, da auf unserem Heimatplaneten wärmere Klimaregionen typischerweise eine artenreichere Biologie zeigen als kältere Klimaregionen. Ebenfalls würde ein höherer Sauerstoffanteil in der Planetenatmosphäre insbesondere den Stoffwechsel von tierischem Leben fördern und so deren Entwicklung beschleunigen. Die Entstehung einer reichhaltigen Biologie benötigt in der Regel stabile Bedingungen über Zeiträume von mehreren Milliarden Jahren. Daher sollte der Zentralstern eines entsprechenden Planeten eine verlässliche und gleichmäßige Energieproduktion über sehr lange Zeiträume bereitstellen. Basierend auf den zuvor genannten Kriterien wurde bereits unter den schon bekannten Planeten nach Kandidaten für superhabitable Planeten gesucht und erste potentielle Beispiele für diesen Planetentyp identifiziert [2]. Allerdings sind insbesondere die Eigenschaften der jeweiligen Planeten noch sehr unzureichend untersucht und bestimmte Kenngrößen wie Atmosphärenzusammensetzung oder Wasserbedeckung der Oberfläche sind derzeit in der Regel sogar noch unbestimmt. Daher sind derzeit keine superhabitablen Planeten bekannt. In zukünftigen Untersuchungen könnten jedoch in ähnlicher Weise vielversprechende Kandidaten für eine nachfolgende Lebenssuche identifiziert werden.

Neben einem detaillierten Studium von Planeten mit besonders guten Voraussetzungen für die Entstehung von Leben könnten zusätzlich noch weitere Planetensysteme bei der Lebenssuche einen Blick wert sein. Die Gegebenheiten von für Leben vorteilhaften Bedingungen können sich in anderen Planetensystemen von jenen in unserem Heimatsystem nämlich deutlich unterscheiden. Besonders lebensfreundliche Welten müssen beispielsweise nicht notwendigerweise Planeten sein, die in einem günstigen Abstand um ihren Heimatstern kreisen, sondern es könnte sich prinzipiell auch um Monde von Riesenplaneten handeln. Entsprechende Monde würden analog zu den Jupiter- oder Saturnmonden durch Gezeitenkräfte erwärmt werden. Vorteilhafte Lebensräume in einem besonders lebensfreundlichen Planetensystem müssen dabei nicht nur auf einen Himmelskörper beschränkt sein. Prinzipiell wäre es denkbar, dass in einem superhabitablen Planetensystem mehrere Objekte bewohnt sind. In diesem Fall könnten durch Austausch von Organismen zwischen den belebten Welten durch Meteoriten diese verschiedenen Habitate gelegentlich miteinander verbunden sein. Durch die Vielzahl von sehr unterschiedlichen Lebensbedingungen auf den jeweiligen Himmelskörpern könnte sich das Leben in solchen Systemen besonders weit diversifizieren.

Die bisher angeführten Überlegungen gehen von Lebensvoraussetzungen aus, die auf den Erkenntnissen über die Biologie der Erde basieren. Allerdings wären auch alternative Lebensgrundlagen denkbar, wie etwa das Beispiel des Saturnmonds Titan mit seinen Kohlewasserstoffgewässern zeigt. Insbesondere wären alternativ zu Wasser noch weitere Lösungsmittel für Leben vorstellbar [3]. Himmelskörper mit abweichenden Eigenschaften könnten entsprechend eine Heimat für Lebewesen mit einer alternativen Biochemie bieten. Unter der großen Vielzahl der potentiellen Planeten in der Milchstraße könnten sich demnach

Planeten mit jeweils unterschiedlichen Voraussetzungen für Leben mit verschiedenartigen Grundlagen finden.

Die Erkennung und Interpretation von potentiellen Lebensspuren insbesondere in für uns fremdartigen Welten kann sich allerdings recht herausfordernd gestalten. Generell könnte es schwierig werden, für eine bestimmte Signatur zu unterscheiden, ob eine biologische Ursache vorliegt oder aber ob ein Ursprung ohne das Zutun von Leben denkbar wäre [4]. In diesem Zusammenhang ist es, wie bereits im letzten Kapitel behandelt, interessant zu erwähnen, dass sogar die Feststellung eines biologischen Ursprungs für die ältesten möglichen Fossilien hier auf der Erde [5] oder für hypothetische Lebensspuren in Marsmeteoriten [6] eine komplexe Aufgabe darstellt.

Um ein Gefühl für spezielle potentiell bewohnbare Planeten zu bekommen, wollen wir uns als nächsten Schritt einem Objekt von einem Typ zuwenden, der in unserem Sonnensystem nicht gefunden werden kann. Dazu wollen wir uns einen Planeten in dem zur Sonne nächstliegenden Sternsystem ansehen.

6.2 Proxima Centauri b

Der zum Sonnensystem nächstliegende Stern ist Proxima Centauri. Dieser Stern befindet sich in einer Entfernung, die mehr als der 200.000-fachen Distanz von der Erde zur Sonne entspricht. Bei Proxima Centauri handelt es sich um einen sogenannten Roten Zwergstern und damit unterscheiden sich seine Eigenschaften deutlich von jenen der Sonne. Proxima Centauri ist mit einer Oberflächentemperatur von etwa 3000 Kelvin deutlich kühler als unser Zentralgestirn mit einer Oberflächentemperatur von etwa 5800 Kelvin. Seine Leuchtkraft über alle Wellenlängen beträgt lediglich weniger als zwei Promille der

Sonnenleuchtkraft und im für das menschliche Auge sichtbaren Licht strahlt er sogar nur mit weniger als 0,06 Promille der entsprechenden Abstrahlung unseres Heimatsterns [7]. Damit kann er trotz seiner großen Nähe von der Erde aus nicht mit freiem Auge gesehen werden. Proxima Centauri leuchtet auch nicht mit der von der Sonne gewohnten Gleichmäßigkeit. Insbesondere zeigt er, aufgrund seiner magnetischen Aktivität, gelegentlich drastische Helligkeitsausbrüche, wobei in diesen Phasen seine Helligkeit deutlich ansteigen kann [8]. Während dieser Phasen erhöht sich ebenfalls seine Abstrahlung in höherenergetischer Röntgenstrahlung (siehe Abb. 6.1). Im Unterschied zum Einzelstern Sonne bildet Proxima Centauri zusammen mit dem Doppelstern Alpha Centauri ein Dreifachsternsystem.

Proxima Centauri wird von einem Planeten umkreist, auf dem gemäß den dort herrschenden Temperaturen flüssiges Wasser existieren kann [9]. Durch seine geringe

Abb. 6.1 Künstlerische Darstellung eines Strahlungsausbruchs eines Roten Zwergs. Diese Strahlungsausbrüche können einen bedeutenden Einfluss auf die Planeten dieser Sterne haben. (Quelle: NASA, ESA and D. Player (STScI))

Leuchtkraft befindet sich jedoch die habitable Zone deutlich näher an Proxima Centauri als die habitable Zone in unserem Planetensystem an der Sonne. Der Planet mit dem Namen Proxima Centauri b umrundet entsprechend seinen Zentralstern in ungefähr 11 Tagen und seine Entfernung zu Proxima Centauri beträgt dabei nur etwas mehr als ein Zehntel der Entfernung vom Merkur zur Sonne. Durch die große Nähe des Planeten zu seinem Heimatstern ist vermutlich die Eigenrotation mit der Umlaufperiode gekoppelt. Denkbar wäre hier, dass die Eigenrotation und die Umlaufperiode identisch sind und dass dadurch der Planet dem Stern immer dieselbe Seite zuwendet. Diese als gebundene Rotation bezeichnete Konfiguration findet man beispielsweise im Erde-Mond-System, wo der Mond der Erde auch immer dieselbe Seite zeigt. Alternativ könnte der Planet in drei Umläufen um seinen Zentralstern zwei Eigenrotationen durchführen, eine Konfiguration, die im System Merkur-Sonne zu finden ist. Insgesamt unterscheidet sich damit, im Vergleich zur Erde, die Relation zwischen Eigendrehung, die die Tageslänge bestimmt, und der Umlaufperiode, die die Jahreslänge festlegt, deutlich. In anderen Eigenschaften könnte Proxima Centauri b allerdings der Erde etwas ähnlicher sein. Seine Masse ist nur wenig höher als die Masse der Erde und damit handelt es sich bei diesem Himmelskörper vermutlich um einen Gesteinsplaneten.

Einige Besonderheiten von Proxima Centauri b und seinem Heimatstern bringen spezielle Herausforderungen für eine Bewohnbarkeit von diesem Planeten mit sich [10]. Insbesondere sind die Helligkeitsausbrüche von Proxima Centauri problematisch für potentielles Leben, da diese vermutlich mit starken Sternwinden verbunden sind, die Teile einer hypothetischen Atmosphäre des Planeten abtragen können. Zusätzlich wäre die intensive Röntgenstrahlung während dieser Perioden potentiell schädlich für Leben. Des Weiteren würde eine an die Umlaufperiode gekoppelte Eigenrotation zu einer ungleichmäßigen Aufheizung der Oberfläche führen [11]. Insbesondere eine gebundene Rotation würde eine Planetenhälfte einer immerwährenden Bestrahlung durch den Zentralstern aussetzen, wohingegen die abgewandte Planetenhälfte in immerwährende Dunkelheit getaucht wäre. Wenn Proxima Centauri b eine Atmosphäre besitzt, würde diese daraus resultierende ungleichen Temperaturverteilung zu starken Oberflächenwinden führen.

Trotz der genannten Widrigkeiten wäre Proxima Centauri b ein potentiell interessantes Ziel für eine Suche nach extraterrestrischem Leben, da es sich vermutlich um einen Gesteinsplaneten mit moderaten Temperaturen handelt. Bestimmte dunkelgefärbte Pilze, die jenem aus dem Reaktorblock des Atomkraftwerks Tschernobyl ähneln, wären zudem in der Lage, die Strahlungsausbrüche von Proxima Centauri auf der Planetenoberfläche seines Trabanten zu überstehen [12]. Im Falle einer gebundenen Rotation könnten insbesondere die Übergangsbereiche zwischen der ewigen Bestrahlung und der ewigen Dunkelheit günstige Bedingungen für Leben aufweisen. Neben den möglicherweise nicht zu ungünstigen Voraussetzungen für Leben wäre Proxima Centauri auch aus technischer Sicht ein bevorzugter Ort für einen möglichen Besuch. Durch seine relative Nähe wäre dieser Planet möglicherweise sogar mit vertretbarem Aufwand in absehbarer Zeit mit einer interstellaren Raumfahrtmission erreichbar.

6.3 Interstellare Raumfahrt

Die Reise zu einem Nachbarstern ist aus technologischer Sicht eine herausfordernde Unternehmung. Dieser Umstand wird aus einem Vergleich mit bereits durchgeführten

Raumfahrtmissionen ersichtlich. Die derzeit am weitesten von der Erde entfernte irdische Raumsonde ist Voyager 1. Dieser Raumflugkörper hat in einem Zeitraum von 47 Jahren eine Entfernung zur Erde erreicht, die etwas mehr als dem 160-Fachen des Abstands von der Erde zur Sonne entspricht. Um zu Proxima Centauri zu gelangen, muss jedoch eine mehr als 1000-fache Distanz zurückgelegt werden. Voyager 1 wurde mit einer Rakete mit konventionellen chemischen Triebwerken auf ihre Mission geschickt. Um eine Reise zu Proxima Centauri in praktikabler Zeit von einigen Jahrzehnten zu absolvieren, müsste ein Raumflugkörper jedoch mit einer alternativen Antriebsmethode betrieben werden.

Eine Raumfahrtmission zu Proxima Centauri könnte möglicherweise mit einem Lichtsegelantrieb durchgeführt werden [13, 14]. Dabei wird ein leichter, flächiger Raumflugkörper mit intensivem externen Laserlicht bestrahlt und dadurch beschleunigt (siehe Abb. 6.2). Einen

Abb. 6.2 Künstlerische Darstellung eines Lichtsegel-Raumfahrzeugs. Dieser Raumflugkörper wird durch externe Laserstrahlung angetrieben. (Quelle: https://commons.wikimedia.org/wiki/File:Laser_Sail_(25259478171).png)

bordeigenen Antrieb würde dieser Raumflugkörper nicht besitzen. Um für einen interstellaren Raumflug geeignet zu sein, müsste das Lichtsegel besonderen Anforderungen genügen. Insbesondere dürfte der gesamte Raumflugkörper bestehend aus Lichtsegel, wissenschaftlichen Instrumenten und Kommunikationseinrichtungen lediglich etwa ein Gramm wiegen. Um jedoch effizient durch das Laserlicht angetrieben zu werden, müsste das Lichtsegel dabei eine Fläche von mehreren Quadratmetern aufweisen. Mit dieser sehr leichten Konfiguration wäre es denkbar, diese Raumsonde auf etwa 20 % der Lichtgeschwindigkeit zu beschleunigen, womit Proxima Centauri in wenigen Jahrzehnten erreicht werden kann.

Die Lichtlaufzeit zu Proxima Centauri beträgt mehr als vier Jahre. Ein Steuersignal von der Erde würde entsprechend mit dieser Verzögerung bei dem Raumflugkörper eintreffen. Naheliegenderweise müsste diese Sonde jedoch Entscheidungen zur Navigation oder zur Priorisierung ihrer wissenschaftlichen Untersuchungen innerhalb viel kürzerer Zeit treffen. Daher müsste der Raumflugkörper eine Künstliche Intelligenz an Bord besitzen.

Eine der Aufgaben dieser Künstlichen Intelligenz wäre beispielsweise eine möglichst genaue Ortsbestimmung der Raumsonde [15]. Denkbar wäre hier, dass eine Navigationseinheit automatisch die Positionen von Himmelskörpern lokalisiert, die sich in relativer Nähe der Sonde befinden. Der aktuelle Ort des Raumflugkörpers ist dann anhand der Himmelspositionen von nahen Objekten relativ zu den Positionen von Hintergrundobjekten bestimmbar. Alternativ könnte eine Navigation der Sonde auch durch Pulsare erfolgen [16]. Pulsare befinden sich, verglichen mit dem Abstand zu Proxima Centauri, typischerweise in einer mehreren hundert- bis tausendfachen Entfernung und bilden so ein entferntes Bezugsystem für eine Navigation. Als ultrakompakte Überbleibsel von Supernovaexplosionen strahlen sie gebündelte Radiostrahlung in definierte Richtungsbereiche ab. Diese Radiokegel wandern durch die Eigenrotation der Pulsare wiederholt in üblicherweise wohldefinierten zeitlichen Abständen über den Himmel, wobei eine Strahlungscharakteristik ähnlich den Lichtkegeln eines Leuchtturms entsteht. Bei einem entfernten Beobachtenden erscheint dadurch ein Pulsar wie eine gepulste Radioquelle. Mithilfe der Ankunftszeiten der einzelnen Radiopulse an dem Raumflugkörper kann mit dieser Methode auf die Position der Sonde geschlossen werden.

Eine weitere Herausforderung einer bordeigenen Künstlichen Intelligenz auf einer interstellaren Raumsonde besteht darin, die vielversprechendsten Objekte oder Himmelsregionen zu identifizieren, um wissenschaftliche Instrumente dorthin auszurichten. Diese Aufgabe wäre besonders relevant für eine Lebenssuche. Zur Bewältigung dieser Aufgabe könnte beispielsweise ein künstliches neuronales Netz mit Bildern von bekannten oder simulierten Planeten trainiert werden, um verwandte Objekte im Proxima-Centauri-System zu erkennen [17]. In weiterer Folge kann ein entsprechend trainiertes neuronales Netzwerk auf den identifizierten Planeten jene Regionen bestimmen, die die spannendsten Forschungsergebnisse erwarten lassen würden. Diese Bereiche würden bevorzugt von den wissenschaftlichen Instrumenten der Raumsonde untersucht werden. Nachteilig an dieser Methode wäre allerdings, dass durch die Auswahl der Trainingsbilder schon vor dem Beginn der Mission festgelegt werden würde, welche wissenschaftlichen Prioritäten die Künstliche Intelligenz setzt. Damit wäre es für diese Künstliche Intelligenz nur schwer möglich, eigenständig auf unerwartete Entdeckungen während ihrer Reise zu reagieren. Ein alternatives Vorgehen bei einer entsprechenden Aufgabe könnte jedoch darin bestehen, dass die Künstliche Intelligenz aus der zeitlichen Verfeinerung der aufgenommenen Daten während einer Annäherung an das Proxima-Centauri-System lernt. Diese Methode kann man sich in Analogie zu einem Film vorstellen, wobei ein Film als eine zeitliche Abfolge von Einzelbildern definiert ist. Da die einzelnen Bilder in einem Film typischerweise miteinander in Verbindung stehen, beispielsweise um eine Geschichte zu erzählen, kann eine Künstliche Intelligenz den Verlauf vergangener Bilder analysieren und daraus eine Vorhersage treffen, welches Bild voraussichtlich als nächstes gezeigt wird [18]. In ähnlicher Weise würden bei einer Annäherung an ein Zielgebiet in zeitlichen Abständen Abbildungen oder Zusammenfassungen anderer Daten erstellt werden. Ein künstliches neuronales Netzwerk würde aus dieser Art Film bestimmen, wie das zu untersuchende Forschungsziel zu einem zukünftigen Zeitpunkt an einem Ort, der noch nicht erreicht wurde, am wahrscheinlichsten aussehen würde. Damit wäre eine flexible Reaktion der Raumsonde auf zu Missionsbeginn unerwartete Entwicklungen durchführbar. Allerdings hätten die auf der Erde zurückgebliebenen Menschen keine Möglichkeit mehr, mit der Künstlichen Intelligenz auf dem Raumflugkörper während dieser Entscheidungsfindung zu interagieren. Ein nicht vollständig bekannter Status einer interstellaren Sonde bei der Datenaufnahme muss vermutlich bei der Interpretation der auf der Erde von diesem Raumflugkörper empfangenen Messwerte berücksichtigt werden.

Eine interstellare Raumfahrtmission mit ultraleichten, kleinen Sonden würde sich vermutlich noch in mindestens einem weiteren Punkt von traditionellen Raumflugunternehmungen unterscheiden. Es wäre denkbar, nicht nur eine Sonde auf die Reise zu schicken, sondern ganze Schwärme dieser kostengünstigen Raumflugkörper zu entsenden. Diese Vorgehensweise hätte verschiedene Vorteile. Um einen Raumflug zu Proxima Centauri in vertretbarer

Zeit durchzuführen, müssen die Sonden auf eine sehr hohe Geschwindigkeit beschleunigt werden. Würde allerdings ein derartig schneller Raumflugkörper mit einem interstellaren Staubkorn kollidieren, würde das Gerät zerstört werden. Bei der Entsendung eines Schwarms an räumlich versetzten Sonden bestünde die Möglichkeit, dass einige Mitglieder des Schwarms die Reise überstehen und im Proxima-Centauri-System wissenschaftliche Untersuchungen durchführen können. Schwärme an Sonden wären zusätzlich in der Lage, die Datenübertragung vom weit entfernten Zielgebiet zur Erde zu verbessern [19]. Raumflugkörper-Schwärme könnten mit bestimmten zeitlichen Versetzungen auf die Reise geschickt werden und würden sich damit ähnlich Leitersprossen an unterschiedlichen Positionen zwischen der Erde und dem Proxima-Centauri-System befinden. Damit könnten die im Proxima-Centauri-System gewonnenen Daten von Raumflugkörper zu Raumflugkörper weitergegeben werden und auf diesem Weg die gigantischen Entfernungen zur Erde überwinden. Es wäre denkbar, dass jede der Sonden eine eigene Künstliche Intelligenz an Bord besitzt, die für die jeweilige Aufgabe des Raumflugkörpers optimiert wird.

Zusammenfassend kann gesagt werden, dass mit hoch spezialisierten Raumfahrtmissionen benachbarte Planetensysteme prinzipiell mit bekannter Technik erreicht werden können. Es wird allerdings erst die Zukunft zeigen, welche Entdeckungen im Proxima-Centauri-System mit einer interstellaren Raumsonde gemacht werden können. Vermutlich befinden sich jedoch potentiell noch vielversprechendere Objekte zur Lebenssuche in noch größerer Entfernung zur Erde. Eine Lebenssuche auf diesen Himmelskörpern erfolgt mithilfe von Teleskopen von der Erde aus. Besonderheiten eines dieser Planetensysteme wollen wir uns als Nächstes ansehen.

6.4 Das Planetensystem Trappist-1

Ein vielversprechendes Planetensystem zur Lebenssuche ist Trappist-1 [20]. Der Chatbot teilte in Übereinstimmung mit der Sichtweise der Wissenschaftswelt diese Einschätzung. Generell folgte das Dialogsystem bei Fragen zu extraterrestrischem Leben den Ergebnissen von empirischer Forschung und verwendete keine Motive aus der Science-Fiction-Literatur oder von Verschwörungstheorien. Wir sind dem Trappist-1-System mit seinen sieben derzeit bekannten Planeten in diesem Buch schon begegnet. Drei dieser Objekte bewegen sich in der habitablen Zone, wobei sich hier allerdings spezielle Voraussetzungen für die Entwicklung und Ausbreitung von Leben ergeben.

Bei Trappist-1 handelt es sich wie bei Proxima Centauri um einen Roten Zwergstern, jedoch ist dieser mit einer Oberflächentemperatur von etwa 2500 Kelvin noch kühler. Die relativ niedrige Oberflächentemperatur bedeutet, dass dieser Stern, im Unterschied zur Sonne, den Hauptteil seiner Strahlung nicht im sichtbaren Licht, sondern im angrenzenden Infrarotbereich abgibt. Dies hätte Auswirkungen auf pflanzenartiges Leben, das Sternlicht etwa im Rahmen der Photosynthese zur Energieproduktion nutzt.

Pflanzenartiger Bewuchs auf einer Exoplaneten-Oberfläche könnte eine auffällige Signatur im Rahmen einer Lebenssuche darstellen. Pflanzen bedecken beispielsweise weite Regionen der Landfläche der Erde und sind daher in ihrer Gesamtheit noch aus großer Entfernung detektierbar. Terrestrische Pflanzen absorbieren hauptsächlich blaues und rotes Licht und nutzen es zur Photosynthese, streuen hingegen Strahlung, die zwischen den beiden Bereichen liegt, und erscheinen somit grün. Zusätzlich wird Infrarotstrahlung von Pflanzen typischerweise fast vollständig reflektiert, ein Phänomen, das „Rote Kante" (englisch: *red edge*) genannt wird [21]. Der Grund für die Reflexion dieser Wärmestrahlung ist nicht genau bekannt. Es wäre jedoch denkbar, dass Pflanzen dadurch eine Überhitzung vermeiden. Die Absorptions- und Reflexionseigenschaften von Pflanzen können als erkennbare Lebenssignatur genutzt werden. Im Falle von terrestrischem Bewuchs wäre die Kombination aus grüner Farbe und der Reflexion von Infrarotlicht ein deutlicher Hinweis auf das Vorhandensein von Leben. Ähnliche Beobachtungscharakteristiken wären für eine Suche nach photosynthesetreibenden Organismen auf anderen Himmelskörpern potentiell anwendbar. Da allerdings andere Sterne in vielen Fällen eine unterschiedliche Abstrahlungscharakteristik aufweisen als die Sonne, könnten die Beobachtungssignaturen von pflanzenartigem Leben in diesen Systemen von jenen hier auf der Erde abweichen [22]. Entsprechend könnte pflanzenartiges Leben auch blau, gelb oder rot gefärbt sein.

Eine weitgehende Reflexion von Infrarotstrahlung, wie sie bei irdischen Pflanzen zu finden ist, wäre für hypothetische Pflanzen im Trappist-1-System möglicherweise nicht vorteilhaft, da dieser Stern einen wesentlichen Anteil seiner Strahlung im Infrarotbereich abgibt. Vielmehr wäre denkbar, dass speziell dieser Wellenlängenbereich von Leben absorbiert und zur Energieerzeugung genutzt wird. Hier sollte darauf hingewiesen werden, dass ein spezialisiertes Bakterium auf der Erde ebenfalls mit entsprechender Wärmestrahlung von hydrothermalen Tiefseequellen Photosynthese betreibt [23]. Die Energie der einzelnen Photonen des Infrarotlichts ist möglicherweise jedoch nicht ausreichend, um mithilfe von Photosynthese Sauerstoff herzustellen. Daher könnten mit Pflanzen bewachsene Planeten im Trappist-1-System potentiell keinen Sauerstoff in ihrer Atmosphäre aufweisen [24]. Generell könnte infrarotlichtbasierte Photosynthese weniger produktiv sein als jene, die das höherenergetische, sichtbare Licht nutzt. Daher könnten sich damit verbundene

Biosignaturen von jenen der Erde unterscheiden oder unter Umständen sogar weniger prominent ausfallen. Derzeit sind die Planeten im Trappist-1-System lediglich durch ihre Bedeckungen des Heimatsterns beobachtbar (siehe Abb. 6.3). Für die Fahndung nach pflanzenartigem Bewuchs mithilfe der Absorptions- und Reflexionseigenschaften wäre allerdings eine direkte Beobachtung der jeweiligen Planetenoberflächen notwendig. Entsprechende Untersuchungen sind vermutlich erst mit noch zu bauenden, hochempfindlichen Instrumenten wie dem Extremely

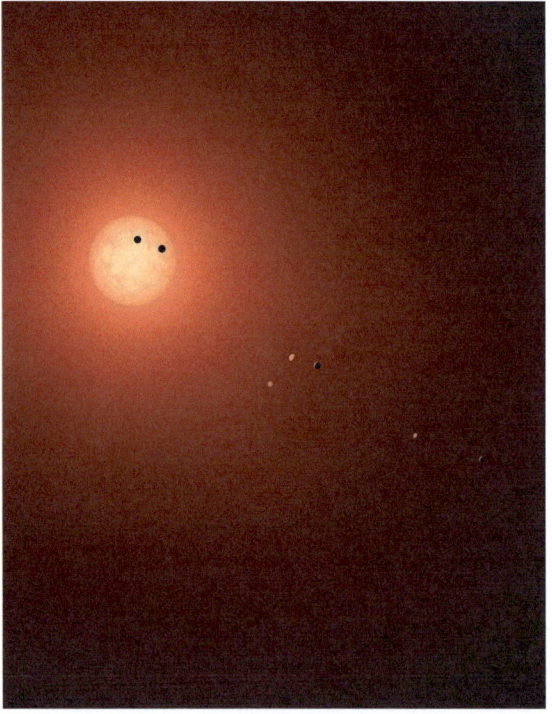

Abb. 6.3 Künstlerische Darstellung des Planetensystems von Trappist-1. In dieser Abbildung wird der Zentralstern gerade von zwei seiner Planeten bedeckt. (Quelle: NASA/JPL-Caltech)

Large Telescope der Europäischen Südsternwarte (ESO, engl.: European Southern Observatory) durchführbar [25]. Dieses erdbodengebundene Teleskop wird einen Hauptspiegel mit einem Durchmesser von 39 m aufweisen und wird derzeit an seinem Standort in Chile errichtet.

Eine weitere Besonderheit für eine potentielle Ausbreitung von Leben im Trappist-1-Planetensystem ist durch seine Kompaktheit gegeben. Da dieser Stern nur ein halbes Promille der Leuchtkraft der Sonne aufweist (siehe Abb. 6.4), beträgt der Abstand seiner habitablen Zone zu Trappist-1 lediglich wenige Prozent des Abstands der habitablen Zone in unserem Planetensystem zu unserem Zentralstern. Trotz dieser geringen Größe des Systems bewegen sich drei Planeten in dem Bereich, wo entsprechend der Temperatur flüssiges Wasser auf der Planetenoberfläche möglich wäre (siehe Abb. 6.5). Die Planeten im Trappist-1-System sind daher durch vergleichsweise kleine

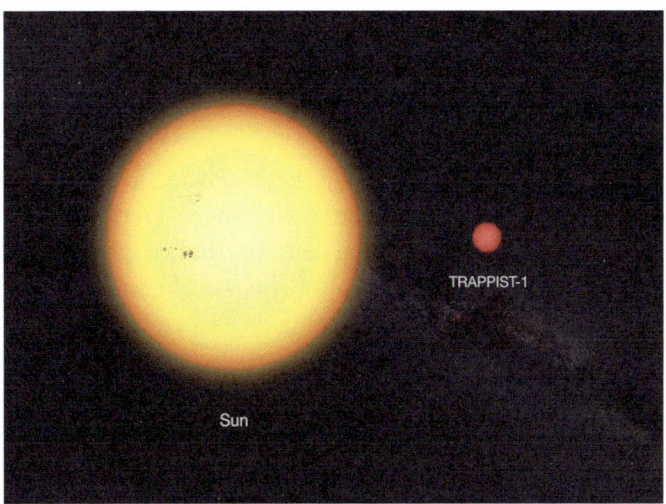

Abb. 6.4 Künstlerische Darstellung eines Vergleichs von Trappist-1 mit der Sonne. (Quelle: ESO)

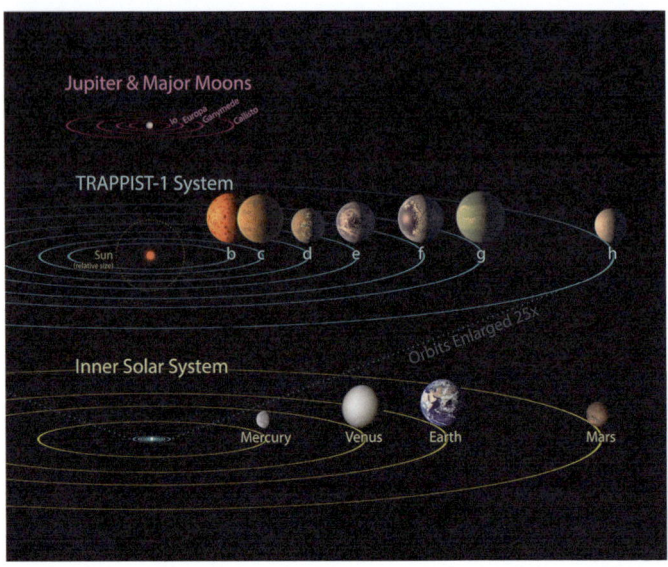

Abb. 6.5 Größenvergleich des Planetensystems von Trappist-1 mit dem inneren Sonnensystem und den Bahnen der vier großen Monde des Jupiters. Das Trappist-1-Planetensystem ist deutlich kompakter als unser Heimatsystem und in seiner Ausdehnung eher mit dem Mondsystem des Jupiters vergleichbar. (Quelle: NASA/JPL-Caltech)

Distanzen getrennt. Zwischen diesen Planeten kann es zu einem Austausch von Gestein kommen. Denkbar wäre hier, dass Material durch einen Asteroideneinschlag auf einem Planeten von dessen Oberfläche abgesprengt und in weiterer Folge von einem anderen Planeten wieder aufgesammelt wird. Ein ähnlicher Austausch findet ebenfalls zwischen der Erde und dem Mars statt, wie Marsmeteorite auf der Erde zeigen [6]. Durch die vergleichsweise viel geringeren Abstände zwischen den Planeten im Trappist-1-System würde ein entsprechender Austausch von Material allerdings viel häufiger auftreten als in unserem Sonnensystem [26]. Wären einer oder mehrere Planeten im

Trappist-1-System bewohnt, könnte Leben als blinder Passagier durch diesen Gesteinsaustausch möglicherweise gelegentlich von Planet zu Planet reisen. Damit wäre denkbar, dass hypothetische Ökosysteme auf den Planeten im Trappist-1-System teilweise eine gemeinsame Entwicklung aufweisen.

Trappist-1 liegt in einer Entfernung zur Erde, die etwa dem Zehnfachen der Entfernung zu Proxima Centauri entspricht, und kann daher kaum noch mit einem interstellaren Raumflug in absehbarer Zeit erreicht werden. Eine Lebenssuche im Trappist-1-Planetensystem muss daher idealerweise von der Erde aus erfolgen. Eine Möglichkeit wäre nach Stoffwechselprodukten von hypothetischen Organismen zu fahnden. Als Beispiel kann hier die Erde dienen. Auf unserem Heimatplaneten erzeugen Pflanzen als ein Abfallprodukt ihres Stoffwechsels Sauerstoff. Dieser Sauerstoff bildet mit einem Anteil von 20 % eine wesentliche Komponente der Erdatmosphäre. Entsprechend könnten Analysen der Atmosphären der Planeten von Trappist-1 Rückschlüsse auf das Vorhandensein von Leben erlauben.

6.5 Planetenatmosphären

Untersuchungen von Planetenatmosphären sind eine vielversprechende Methode zur Suche nach extraterrestrischem Leben, die bereits mit derzeit im Betrieb befindlichen Instrumenten durchführbar ist. Eine entsprechende Analyse ist insbesondere während des Vorbeizugs eines Planeten vor seinem Heimatstern möglich. Sternlicht kann in die Farben des Regenbogens aufgespalten werden, wobei sich an bestimmten Positionen dieser Farbabfolge dunkle Linien befinden. Diese Linien werden von chemischen Elementen erzeugt und erlauben Rückschlüsse auf die chemische Zusammensetzung des Sterns. Während der Phasen von Planetentransits fällt das Sternlicht auf seinem Weg zur Erde durch die Atmosphäre des Planeten. Dabei entstehen weitere dunkle Linien, die auf die chemische Zusammensetzung der Planetenatmosphäre zurückzuführen sind. Von besonderem astrobiologischem Interesse sind dabei Linien, die von Molekülen stammen, wobei diese Moleküllinien speziell im an das sichtbare Licht angrenzenden Infrarotbereich detektierbar sind [27]. Wie bereits erwähnt, ist diese Methode zur Untersuchung einer Planetenatmosphäre jedoch nur für Planeten möglich, die von der Erde aus gesehen vor ihrem Heimatstern vorbeiziehen (siehe Abb. 6.6), wie es etwa im Trappist-1-System der Fall ist. Im Gegensatz dazu kommt es bei der Mehrzahl der Planetensysteme, beispielsweise bei Proxima Centauri b, zu keiner Sternbedeckung und eine Erforschung der Atmosphäre dieser Planeten ist daher deutlich herausfordernder.

Das derzeit bevorzugte Instrument zur Untersuchung von Planetenatmosphären ist das James-Webb-Weltraumteleskop. Mit seiner Lage außerhalb der störenden Erdatmosphäre, seinem Spiegeldurchmesser von etwa 6,5 m und seiner Empfindlichkeit im Infrarotbereich ist es für diese Aufgabe bestens geeignet. Das James-Webb-Weltraumteleskop konnte seit seinem Start Ende des Jahres 2021 auf dem Gebiet der Planetenatmosphären bereits einige spektakuläre Entdeckungen erzielen. Beispielsweise konnte in der Atmosphäre eines speziellen Exoplaneten Methan nachgewiesen werden [28] und auf einem anderen Planeten wurde möglicherweise sogar Wasserdampf gefunden [29]. Diese Planeten weisen jedoch eine Oberflächentemperatur von etwa 500 °C auf, und sind damit vermutlich ungeeignet als Heimat für Leben, wie wir es kennen. Im Fall eines anderen Planeten, der entsprechend seiner Oberflächentemperatur flüssiges Wasser auf seiner

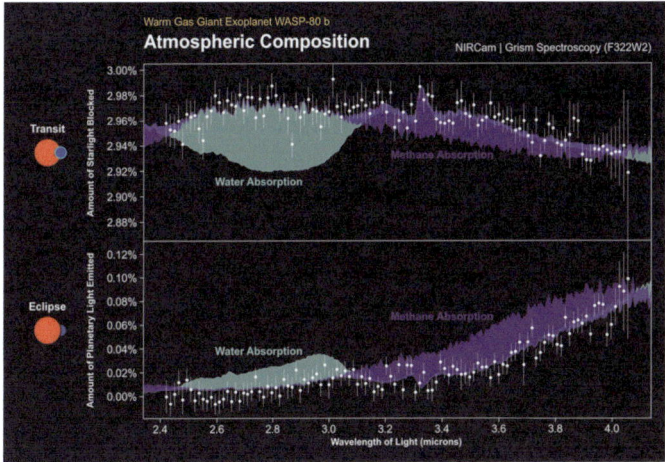

Abb. 6.6 Die Wärmestrahlung eines bestimmten Sterns aufgespalten in die einzelnen Infrarotfarben ist für zwei unterschiedliche Konfigurationen des Sterns mit seinem Planeten (WASP-80b) gezeigt. Während der Konfiguration eines Transits tritt das Sternlicht durch die Atmosphäre des Planeten. Im Zeitintervall einer Bedeckung des Planeten durch den Stern wird hingegen das Licht des Planeten komplett abgeschattet. Aus dem Unterschied dieser beiden Konfigurationen lässt sich die Zusammensetzung der Planetenatmosphäre bestimmen. Im vorliegenden Fall konnte Methan nachgewiesen werden. Die Beobachtungen zeigen zugleich jedoch keinen Hinweis auf Wasserdampf in der Planetenatmosphäre. (Quelle: BAERI/NASA/Taylor Bell)

Oberfläche beherbergen könnte, wurde eine mögliche Atmosphärenzusammensetzung bestehend aus Stickstoff und Kohlendioxid ermittelt, wobei diese Analyse mit weiteren Untersuchungen erst bestätigt werden muss [30]. Generell zeigen diese Beobachtungen, dass die Detektion von Stoffwechselprodukten von Organismen mit dem James-Webb-Teleskop prinzipiell möglich wäre.

Nimmt man die Erde als Modell, wäre beispielsweise Sauerstoff eine vielversprechende Signatur für Leben. Dieses reaktionsfreudige Gas wird auf der Erde von Pflanzen im Rahmen der Photosynthese erzeugt und zeichnet sich durch eine kurze Verweildauer in der Atmosphäre aus. Wird Sauerstoff nicht laufend neu produziert, würde sich der Sauerstoffanteil der Atmosphäre im Laufe der Zeit verringern, da es in einer sauerstoffreichen Umgebung beispielsweise zu Verbrennungen kommt, wobei sich Sauerstoff mit Kohlenstoff zu Kohlendioxid verbindet. Würde auf der Erde alles Leben aussterben, würde der gesamte Sauerstoff in der Erdatmosphäre innerhalb weniger Millionen Jahre verschwinden [27]. Da die Erde jedoch seit mindestens einer Milliarde Jahren signifikante Anteile an Sauerstoff aufweist, muss er immer wieder neu nachgebildet worden sein. Der Sauerstoff in der Erdatmosphäre ist daher eine Biosignatur für den Stoffwechsel von Pflanzen. In analoger Weise könnte die Detektion von Sauerstoff in einer Exoplanetenatmosphäre ebenfalls als Hinweis auf Leben gedeutet werden. Allerdings wird Sauerstoff auch ohne das Zutun von Leben erzeugt, beispielsweise durch die Aufspaltung von Wasserdampf durch ultraviolettes Sternlicht. Ultraviolette Strahlung ist Licht, das sich bei höheren Frequenzen an das sichtbare Licht anschließt. Sauerstoff kann daher nicht alleine als Beweis für Leben dienen und es müssen noch die Signaturen von weiteren Molekülen für eine robustere Einschätzung herangezogen werden.

Weitere prominente Stoffwechselprodukte auf der Erde wären beispielsweise Kohlendioxid oder Methan. Kohlendioxid entsteht etwa bei der Atmung von Tieren und Methan wird, neben anderen Quellen, in Fäulnisprozessen von organischem Material erzeugt. Aber auch diese beiden Gase können durch nicht-biologische Prozesse entstehen, beispielsweise bei Vulkanausbrüchen. Die Detektion eines bestimmten Atmosphärengases in einer Exoplanetenatmosphäre wäre daher vermutlich für sich alleine kein deutliches Anzeichen für Leben. Das gleichzeitige Vorkommen von zwei oder mehreren ungewöhnlichen Gasen wäre allerdings möglicherweise ein stärkeres Indiz für einen biologischen Ursprung als das Auffinden von nur einem bestimmten Gas. In diesem Zusammenhang wäre etwa die gleichzeitige Existenz von Sauerstoff und Methan in einer Atmosphäre ein robusterer Hinweis auf Leben. Sauerstoff würde mit Methan zu Kohlendioxyd reagieren und damit wäre das gemeinsame Auftreten der beiden Gase nur von kurzer Dauer. Beim Vorhandensein beider Stoffe müssten beide Substanzen parallel kontinuierlich nachproduziert werden, eine Aufgabe, die Lebewesen mit unterschiedlichen Stoffwechseln durchführen könnten. Die Erdatmosphäre ist, als Resultat der biologischen Aktivität, ein Beispiel für eine Gashülle, in der Sauerstoff und Methan gleichzeitig existieren.

Ein Gemisch mehrerer biologisch relevanter Gase in der Atmosphäre eines Exoplaneten könnte einen vielversprechenden Hinweis auf Leben darstellen, wobei im Detail die Ermittlung des Ursprungs einer vorgefundenen Stoffmixtur sehr herausfordernd sein kann. Eine Komplikation bei einer Lebensidentifikation besteht darin, dass komplexe Moleküle eine Vielzahl von Absorptionsbereichen erzeugen, die etwa den dunklen Linien in einem Regenbogen und seiner Erweiterung im Infrarotbereich entsprechen. Diese Absorptionsbereiche können sich für unterschiedliche Moleküle teilweise überlappen. Die Herausforderung ist es nun, aus einem gemessenen Streifenmuster einer Planetenatmosphäre die zugrunde liegende Chemie dieser Gashülle zu bestimmen. Hier behilft man sich oft mit simulierten Absorptionsmustern der einzelnen Stoffe [31] und ermittelt mithilfe von maschinellem Lernen mit diesen Eingangsdaten die wahrscheinlichste Atmosphärenzusammensetzung [32].

Eine weitere Komplikation bei der Fahndung nach extraterrestrischem Leben besteht darin, zwischen einem biologischen und einem nicht-biologischen Ursprung einer bestimmten Signatur zu unterscheiden. Mittlerweile konnten einige Tausend Substanzen identifiziert werden, die als Stoffwechselprodukte von Organismen infrage kommen können [33]. Viele dieser Stoffe werden auf der Erde allerdings lediglich in geringen Konzentrationen gefunden. In potentiellen extraterrestrischen Ökosystemen könnten jedoch sehr unterschiedliche Kombinationen dieser Stoffe auftreten, gegebenenfalls, im Vergleich zur Erde, mit sehr unterschiedlichen Häufigkeiten. Gleichzeitig können exogeologische Prozesse auf anderen Planeten ebenfalls ungewöhnliche Kombinationen an Gasen erzeugen. Daher muss bei einer Lebenssuche bestimmt werden, wie wahrscheinlich es ist, dass ein Gemisch aus Gasen mit bestimmten Konzentrationen das Resultat von Leben wäre [34]. Diese Wahrscheinlichkeitsbestimmung erfordert jedoch ausgeklügelte Modelle zu exogeologischen und astrobiologischen Vorgängen und ist daher sehr komplex. Zusammenfassend kann gesagt werden, dass die Bestimmung der Atmosphärenzusammensetzung und die Interpretation der gefundenen Gasgemische eine herausfordernde Aufgabe darstellen. Mit diesen Randbedingungen wollen wir uns als Nächstes einen Exoplaneten mit möglicherweise einer sehr besonderen Atmosphäre ansehen.

6.6 Hyzänische Planeten

Für eine Untersuchung der Zusammensetzung von Exoplanetenatmosphären sind ausgedehntere Planeten vorteilhafter, da in diesem Fall ein größerer Teil des Sternlichts durch deren Atmosphäre tritt und damit die Absorptionsbereiche dieser Gashüllen prominenter hervortreten. In unserem Sonnensystem gibt es prinzipiell zwei Arten von Planeten: Die vier inneren kleinen Gesteinsplaneten und die vier äußeren Gasriesen. Gesteinsplaneten besitzen eine feste Oberfläche mit einer in der Regel relativ dünnen Atmosphäre, wohingegen die Riesenplaneten eine Hülle aus Gas aufweisen, die mit zunehmender Tiefe mehr oder weniger kontinuierlich immer dichter wird. Mit Beobachtungen von Exoplaneten wurden Objekte gefunden, die größen- und massenmäßig zwischen diesen beiden Extremen liegen. Vergleichbare Objekte gibt es in unserem Sonnensystem nicht. Diese Planeten werden entweder als Super-Erden oder Mini-Neptune angesehen, wobei es sich bei Super-Erden eher um große Gesteinsplaneten handelt und bei Mini-Neptunen um kleine Gasplaneten. Diese beiden möglichen Konfigurationen weisen vermutlich sehr unterschiedliche Voraussetzungen für eine Bewohnbarkeit auf, wobei Super-Erden als Heimat für Leben, wie wir es kennen, besser geeignet wären als Mini-Neptune. Super-Erden sind durch ihre Größe daher bevorzugte Untersuchungsobjekte für Analysen von Planetenatmosphären. Eine besondere Form von potentiell bewohnbaren Planeten mit mittlerer Masse sind die sogenannten Hyzänischen Planeten (englisch *hycean planet;* Kofferwort aus *hydrogen* „Wasserstoff" und *ocean* „Ozean"). Hyzänische Planeten sind typischerweise etwa doppelt so groß wie die Erde und etwa 5- bis 10-mal so schwer. Dieser hypothetische Planetentyp ist gekennzeichnet durch eine wasserstoffreiche Atmosphäre, eine feste Planetenoberfläche und eine Bedeckung der Planetenoberfläche mit einem Ozean aus flüssigem Wasser [35]. Wenn sich ein Hyzänischer Planet in einem geeigneten Temperaturbereich um seinen Zentralstern befindet, wäre es denkbar, dass Leben in diesen Ozeanen existiert.

Ein besonderer potentieller Hyzänischer Planet ist K2-18b. Die Benennung dieses Objekts erfolgt nach der zweiten Betriebsphase des Kepler-Weltraumteleskops, ergänzt mit einer fortlaufenden Nummer, wobei das kleine „b" für den ersten entdeckten Planeten in diesem System steht. Der Zentralstern im System K2-18 ist etwa dreimal so weit von der Erde entfernt wie Trappist-1. Bei diesem Objekt handelt es sich um einen Roten Zwerg und dieser wird in einem Abstand von etwa 14 % des Abstands von der Erde zur Sonne von einem Planeten mit fast dreifacher Erdgröße umkreist. Gemäß dem Abstand des Planeten zu seinem Heimatstern könnte auf K2-18b eine Oberflächentemperatur ähnlich jener auf der Erde herrschen. Dies würde ein Vorhandensein eines Ozeans aus flüssigem Wasser erlauben. Da der Zentralstern lediglich eine Größe von etwa 40 % der Sonnengröße aufweist, ist durch das Verhältnis vom relativ großen Planeten zu relativ kleinem Stern eine besonders gute Beobachtung der Planetenatmosphäre von K2-18b möglich. Die Beobachtung dieser Atmosphäre mit dem James-Webb-Weltraumteleskop hat einige erstaunliche Ergebnisse erbracht [36].

Eine überraschende Entdeckung in der Gashülle von K2-18b (siehe Abb. 6.7) ist das gleichzeitige Vorhandensein von Methan (CH_4) und Kohlendioxid (CO_2). In einer Atmosphäre ohne Nachlieferung mindestens eines der beiden Gase sollte eigentlich der vorhandene Kohlenstoff, je nach den herrschenden Bedingungen, hauptsächlich entweder in der einen oder aber in der anderen Form gebunden vorliegen. Die Tatsache, dass sowohl Methan als auch Kohlendioxid gefunden wurden, könnte demnach darauf hindeuten, dass mindesten einer der beiden Stoffe durch Stoffwechselvorgänge von Leben immer wieder nachproduziert wird [37, 38]. Allerdings wären auch Prozesse denkbar, die ohne die Involvierung von Leben das gefundene Gasgemisch erzeugen können. Derzeit ist noch nicht geklärt, ob es sich bei K2-18b um eine Super-Erde oder um einen Mini-Neptun handelt. Im Falle einer Super-Erde könnten das Methan und das Kohlendioxid durch Ausgasungen von erwärmten Gesteinen stammen [37]. Sollte jedoch bei diesem Planeten ein Mini-Neptun

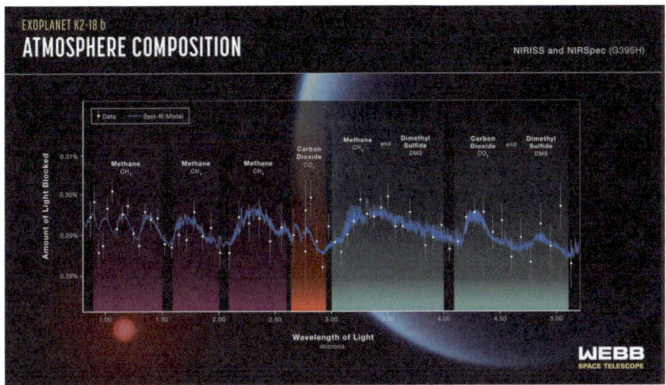

Abb. 6.7 Die Messung der Zusammensetzung der Atmosphäre von K2-18b. Die Atmosphäre besteht aus verschiedenen Molekülen, die Kohlenstoff beinhalten. (Quelle: NASA, ESA, CSA, Ralf Crawford (STScI), Joseph Olmsted (STScI) Science: Nikku Madhusudhan (IoA))

vorliegen, dann könnten diese Stoffe in tiefen Atmosphärenschichten unter hohem Druck und hohen Temperaturen erzeugt und durch Konvektionsströme in die oberen, beobachtbaren Atmosphärenschichten gemischt werden [38]. Das Beispiel von Methan und Kohlendioxid in der Atmosphäre von K2-18b zeigt, dass es oft nicht leicht ist, zwischen einem biologischen und nicht-biologischen Ursprung von einem bestimmten Gasgemisch zu unterscheiden.

Eine möglicherweise noch bedeutsamere Entdeckung im Spektrum der K2-18b-Atmosphäre ist das potentielle Vorhandensein von Dimethylsulfid (C_2H_6S). Die Signatur von Dimethylsulfid konnte derzeit allerdings nur mit relativ geringer statistischer Verlässlichkeit bestimmt werden. Auf der Erde wird dieser Stoff hauptsächlich von pflanzlichem Plankton in den Ozeanen erzeugt. Da auf K2-18b Ozeane aus flüssigem Wasser existieren könnten, wäre es denkbar, dass das Dimethylsulfid ebenfalls von wasserbewohnendem Leben produziert wird. Diese Substanz wäre demnach ein besonders interessanter Kandidat für eine Biosignatur. Die Eignung von Dimethylsulfid als Biosignatur wurde allerdings kürzlich angezweifelt. Der Grund hierfür war die Entdeckung dieser Substanz in den Ausgasungen des unbelebten Kometen 67P/Churyumov-Gerasimenko in unserem Sonnensystem [39]. Insgesamt bedarf die Klärung der Gegebenheiten auf K2-18b entsprechend noch weiterer Untersuchungen [40].

Die Beispiele von Proxima Centauri b, dem Planetensystem von Trappist-1 und K2-18b zeigen, dass Leben auf Planetenarten denkbar wäre, die es in unserem eigenen Sonnensystem nicht gibt. Mittlerweile sind schon mehrere Tausend extrasolare Planeten entdeckt worden, und es ist zu erwarten, dass die Zahl an bekannten entsprechenden Objekten in Zukunft noch zunehmen wird. Eine Künstliche Intelligenz könnte bei der Bestimmung der möglichen Bewohnbarkeit von extrasolaren Planeten vorteilhaft eingesetzt werden. Als Nächstes wollen wir uns daher ansehen, wie eine Künstliche Intelligenz potentiell bewohnbare Planeten identifizieren könnte.

6.7 Wissensgraphen

Die Menschheit konnte im Laufe ihrer Geschichte eine große Menge an Wissen anhäufen und eine Vielzahl von Querverbindungen zwischen Wissensgebieten erarbeiten. Damit dieses Wissen von Computern erfasst und bearbeitet werden kann, müssen die Informationen geeignet organisiert und dargestellt werden. Eine entsprechende Wissensrepräsentation kann beispielsweise mithilfe sogenannter Wissensgraphen vorgenommen werden [41]. Dabei handelt es sich grob um geordnete Sammlungen an

Begriffen und die jeweiligen Beziehungen zwischen den einzelnen Begriffen [42]. Diese Art der Wissensdarstellung beinhaltet damit nicht nur einfache Wissensspeicherung und dessen Abrufung, sondern erlaubt logische Schlussfolgerungen zwischen einzelnen Begriffs- und Wissenskomplexen (siehe Abb. 6.8). Wissensgraphen sind somit eine Möglichkeit, heterogenes Wissen in einem von Maschinen verarbeitbaren Format bereitzustellen. Durch den Einbezug der Verhältnisse zwischen den einzelnen Begriffen lassen sich sogar bestimmte Grundlagen der menschlichen

Abb. 6.8 Ausgasungen vom Kometen 67P/Churyumov-Gerasimenko. Dieser etwa 4 Kilometer große Komet wurde von der ESA-Sonde *Rosetta* besucht. In der Gashülle von 67P/Churyumov-Gerasimenko konnte Dimethylsulfid nachgewiesen werden. Kometen sind Überreste von der Entstehung des Sonnensystems. Es handelt sich dabei typischerweise um unregelmäßige Brocken, die aus Eis, weiteren gefrorenen Gasen, Staub und Gestein bestehen. (Quelle: ESA / MPS / OSIRIS Team / Kevin M. Gill)

Entscheidungsfindung abbilden wie Erfahrung oder die Ergebnisse von längeren Beobachtungsreihen.

Die in Wissensgraphen vorliegenden Informationen können vorteilhaft mit Methoden der Künstlichen Intelligenz analysiert werden, etwa um nach versteckten Mustern in diesen Wissensrepräsentationen zu fahnden. Eine Möglichkeit wäre hier, ein bestimmtes Muster oder ein bestimmtes Phänomen mithilfe einer messbaren Kenngröße zu beschreiben [43]. Dies könnte in Analogie zur Erkennung eines bestimmten Motivs auf einem Bild erfolgen. Beispielsweise könnte eine Aufgabe für eine Künstliche Intelligenz darin bestehen, Bilder zu erkennen, auf denen Katzen abgebildet sind. Zur Lösung dieser Aufgabe werden einem neuronalen Netzwerk in einem Trainingsschritt viele Bilder mit Katzen und viele Bilder ohne Katzen zur Analyse bereitgestellt. In diesem Trainingsschritt extrahiert das künstliche neuronale Netzwerk aus den Trainingsdaten eine Kenngröße, die dadurch bestimmt wird, dass sich in dieser Musterrepräsentation die Gesamtheit der Katzenbilder und die Bilder ohne Katzen maximal unterscheiden. Diese Kenngröße wäre somit eine Repräsentation für die Katzenartigkeit eines Bildes. Soll später die Hypothese überprüft werden, ob ein unbekanntes Bild eine Katze zeigt, wird wieder die Katzenartigkeits-Kenngröße des unbekannten Bildes bestimmt und je nach Wert dieser Kenngröße kann die Künstliche Intelligenz eine Wahrscheinlichkeit ausgeben, dass auf dem Bild tatsächlich eine Katze zu sehen ist. Die beschriebene Vorgehensweise wäre prinzipiell ebenfalls auf Wissensgraphen anwendbar. Eine Ermittlung einer Repräsentation für bestimmte Eigenschaften von Wissensgraphen kann etwa dazu genutzt werden, ähnliche Wissensgraphen, die andere Begriffe oder Wissenskomplexe beinhalten, zu finden. Durch die Ähnlichkeit der internen Querverbindungen zwischen den Begriffen in den jeweiligen Wissensgraphen kann geschlossen werden, dass in diesen Fällen ähnliche interne Mechanismen aktiv sind. Diese Methode erlaubt es daher sogar, Hypothesen über interne Zusammenhänge zwischen Wissenskomplexen abzuleiten.

Eine entsprechende Hypothesenbildung lässt sich beispielsweise auf die wissenschaftliche Arbeit anwenden. Dabei werden Wissensgraphen mit einer Vielzahl von Informationen zu Akteurinnen und Akteuren in der Wissenschaftswelt erstellt. Die Informationen können inkludieren: Autorinnen und Autoren von bestimmten Publikationen, Kollaborateurinnen und Kollaborateure dieser Forschenden, die Institutionen dieser Personen, die besuchten Konferenzen und die genutzten Quellen der Forschungsfinanzierung sowie die Querverbindungen zwischen diesen Datenkomplexen. Zusätzlich werden Wissensgraphen zu den von den jeweiligen Forschenden bearbeiteten Wissenschaftsfragen wie etwa den Themen von Publikationen, den für die Forschungsarbeit genutzten Technologien und wiederum den Beziehungen zwischen diesen Größen erarbeitet. Aus diesen und ähnlichen Wissensgraphen lassen sich tatsächlich Vorhersagen über die zukünftige Arbeit von Forschenden ableiten. Insbesondere ist es damit in manchen Fällen sogar bestimmbar, welche wissenschaftlichen Zusammenhänge bestimmte Forschende in Zukunft entdecken werden [44].

Generell kann mittlerweile eine Künstliche Intelligenz durch Vernetzung einer Vielzahl von Informationen bestimmte Hypothesen über die Welt aufstellen. Insbesondere ist es ihr damit sogar möglich, Zusammenhänge zu erkennen, die Menschen bisher noch nicht gefunden haben [45]. Diese Fähigkeiten lassen sich vorteilhaft für Gebiete mit komplexer Datenlage und herausfordernden Forschungsfragen anwenden. Ein entsprechender Forschungsbereich wäre die Suche nach bewohnten Planeten in anderen Sternsystemen.

6.8 Künstliche Intelligenz und die Suche nach belebten Planeten

Mithilfe einer Vielzahl von Beobachtungsergebnissen und theoretischer Modelle konnte mittlerweile eine umfangreiche Wissensbasis über Exoplaneten aufgebaut werden. Belebte Planeten würden sich in dieser Wissensbasis vermutlich durch eine bestimmte Kombination aus Eigenschaften in verschiedenen Informationskanälen auszeichnen. Eine Suche nach Leben könnte entsprechend mit einer Analyse vieler Parameter und den Querverbindungen zwischen verschiedenen Informationskanälen durchgeführt werden [46]. Zur Aufstellung einer Hypothese, ob ein bestimmter Planet bewohnt ist oder nicht, kann beispielsweise die Erde als Referenzgröße dienen, da sie derzeit der einzige bekannte belebte Himmelskörper ist. Denkbar wäre in diesem Zusammenhang etwa eine Bestimmung der Ähnlichkeit der Daten eines bestimmten Exoplaneten mit den Werten unseres Heimatplaneten [47].

Wie wir bereits gesehen haben, bietet die Zusammensetzung einer Atmosphäre potentielle Anhaltspunkte für das Vorhandensein von Leben. Das Gemisch an Stoffen, das in der Erdatmosphäre vorliegt, kann hier als ein Ausgangspunkt für die Suche nach Planeten mit ähnlichen Gashüllen fungieren. Die derzeitige Zusammensetzung der Erdatmosphäre ist allerdings lediglich eine Momentaufnahme der aktuellen Bedingungen auf unserem Heimatplaneten. Leben auf der Erde gibt es schon seit mehr als 3 Mrd. Jahren und die Gesamtheit aller Stoffwechselvorgänge allen Lebens hat das Gemisch an Gasen in unserer Gashülle im Laufe der Zeit verändert. Daher sollte die Zusammensetzung der Erdatmosphäre zu unterschiedlichen Zeitpunkten in der Erdgeschichte als Referenzraster bei der Suche nach belebten Exoplaneten herangezogen werden [48]. Markante Ereignisse in der Entwicklung unseres Planeten wären hier beispielsweise das erste massenhafte Auftreten von Pflanzen und die Ausbreitung von vielzelligem Leben. Ein Vergleich der Zusammensetzung der Erdatmosphäre zu diesen Zeitpunkten mit den Inhaltsstoffen der Gashüllen von Exoplaneten würde hier die Lebenssuche auf mehrere mögliche Entwicklungsstadien eines belebten Planeten ausweiten. Diese Vorgehensweise ist auch deswegen sinnvoll, da nicht alle Exoplaneten dasselbe Alter aufweisen wie die Erde und da wahrscheinlich ist, dass die Entwicklung von Leben auf unterschiedlichen Planeten mit unterschiedlicher Geschwindigkeit abläuft.

Eine weitere Möglichkeit zur Bestimmung eines möglichen Vorhandenseins von Leben wäre die Untersuchung der Oberflächenfärbung von Exoplaneten. Bei dieser Methode wäre es ebenfalls möglich, mittels bekannter Ökosysteme ein Referenzsystem für Färbungen zu erstellen, die für bestimmte Lebensformen charakteristisch sind [49]. Reflexionseigenschaften könnten für eine Vielzahl von Organismen bestimmt werden, die sehr unterschiedliche Lebensräume auf der Erde bewohnen. Beispiele wären etwa grüne Pflanzen, Mikrobenmatten bestehend aus extremophilen Mikroorganismen oder dunkelgefärbte, in einer radioaktiven Umwelt gedeihende Pilze. Zusätzlich könnte noch die Färbung von auf Eisoberflächen beheimateten Organismen (siehe Abb. 6.9 und 6.10) als Vergleich herangezogen werden [50]. Diese Trainingsdaten wären für eine Künstliche Intelligenz nutzbar, um nach Planeten mit ähnlichen Reflexionseigenschaften zu suchen.

Die zuvor genannten Methoden wären allerdings daran angepasst, Leben zu finden, das in ähnlicher Form auf der Erde vorkommt. Extraterrestrisches Leben könnte sich von irdischem Leben jedoch grundlegend unterscheiden. Als Alternative wäre daher ein Verfahren vorteilhaft, das mit deutlich weniger Grundannahmen auskommt. Wenn man davon ausgeht, dass die meisten Planeten kein Leben

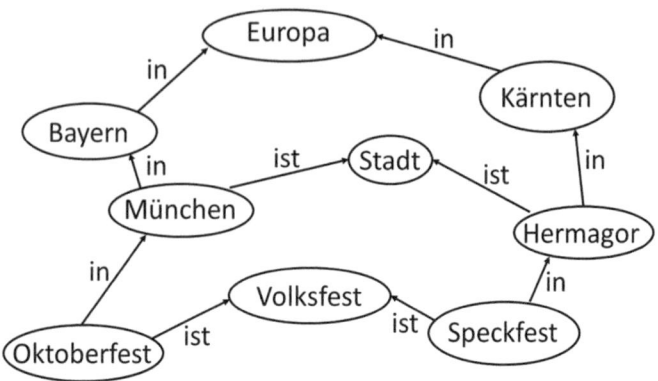

Abb. 6.9 Beispiel eines Wissensgraphs. Mit Wissensgraphen kann unter anderem mithilfe von Ähnlichkeiten von gut bekannten Sachverhalten auf weniger gut bekannte Sachverhalte geschlossen werden. (Quelle: Autor)

beherbergen, dann wären belebte Himmelskörper Anomalien in der Objektfamilie der Planeten. Dieses Anderssein könnte eine Möglichkeit darstellen, um nach bewohnten Welten zu fahnden. Planeten mit ähnlichen Eigenschaften würden in verschiedenen Kenngrößen wie Zusammensetzung der Atmosphäre oder Farbe der Planetenoberfläche ähnliche Bereiche besetzen. Anomalien wären dagegen dadurch gekennzeichnet, dass sie sich abseits dieser Ballungen von Planetengruppen befinden oder sonstigen generellen Trends nicht folgen. Eine entsprechende Anomaliensuche ist eine bevorzugte Aufgabe für eine Künstliche Intelligenz [51, 52]. Diese Anomalien könnten gute Kandidaten für bewohnte Exoplaneten darstellen [53]. Allerdings wird erst die Zukunft zeigen, welche ungewöhnlichen Welten im Rahmen einer Anomaliensuche gefunden werden können, da derzeit noch zu wenige bis keine Daten zu Kenngrößen von Exoplaneten wie Oberflächenfarben vorliegen.

Abb. 6.10 Schneealgen (Blutschnee) auf einem Altschneefeld auf dem Mären in den Schwyzer Alpen (Schweiz). Bestimmte Organismen können eine Schnee- oder Eisoberfläche markant einfärben. (Quelle: Autor)

Ganz besonders außergewöhnliche Planeten könnten sogar auf eine ganz andere Art von Leben hindeuten als die bisher besprochenen einfachen Lebensformen. Lebewesen, die technologische Fertigkeiten entwickelt haben, wären in der Lage, ihre Heimatwelten sehr umfangreich zu verändern. In diesem Sinne könnten Objekte, die so nicht zu ihrer derzeitigen Position passen wollen, beispielsweise weil sie unmöglich dort entstanden sein konnten oder weil sie durch natürliche Mechanismen unmöglich dorthin verschiebbar wären, das Werk einer extraterrestrischen Intelligenz sein. Diese Intelligenz wäre potentiell in der Lage, mit technischen Mitteln einen Planeten an einen ungewöhnlichen Ort zu verbringen [54]. Bisher konnte allerdings noch kein entsprechendes Objekt gefunden

Abb. 6.11 Wüstenstaub aus der Sahara auf dem Blaueisgletscher am Hochkalter (Bayern). Situation im Juni 2022. Verfärbungen einer Schneeoberfläche müssen nicht unbedingt einen biologischen Ursprung haben. Anorganische Prozesse stellen generell eine Herausforderung für die Ermittlung einer Biosignatur dar. (Quelle: Autor)

werden. Da jedoch eine Suche nach extraterrestrischer Intelligenz eine mögliche Methode zur Suche nach Leben im Universum darstellt, wollen wir uns im nächsten Kapitel einer entsprechenden Fahndung zuwenden.

Literatur

1. Heller, R. & Armstrong, J.; Superhabitable Worlds; Astrobiology, Vol. 14, No. 1, p. 50–66 (2014)
2. Schulze-Makuch, D. et al.; In Search for a Planet Better than Earth: Top Contenders for a Superhabitable World; Astrobiology 20 (12): 1394–1404 (2020)

3. Bains, W. et al.; Alternative solvents for life: framework for evaluation, current status and future research; eprint arXiv:2401.07296 (2024)
4. Tridaud, A. H. M. J., et al.; Atmospheric carbon depletion as a tracer of water oceans and biomass on temperate terrestrial exoplanets; eprint arXiv:2310.14987 (2023)
5. Brassier, M. D., et al.; Changing the picture of Earth's earliest fossils (3.5–1.9 Ga) with new approaches and new discoveries; PNAS, 112, 4859–4864 (2015)
6. McKay, D. S., et al.; Search for past life on Mars: Possible relic biogenic activity in martian meteorite ALH 84001; Science, Vol. 273, S. 924–930 (1996)
7. Pineda, J. S., et al.; The M-dwarf Ultraviolet Spectroscopic Sample. I. Determining Stellar Parameters for Field Stars; The Astrophysical Journal, Volume 918, Issue 1, id.40, 23 pp. (2021)
8. Howard, W. S., et al.; The First Naked-eye Superflare Detected from Proxima Centauri; The Astrophysical Journal Letters, Volume 860, Issue 2, article id. L30, 6 pp. (2018)
9. Anglada-Escudé G. et al.; A terrestrial planet candidate in a temperate orbit around Proxima Centauri; Nature 536, 437–440 (2016)
10. Ribas, I., et al.; The habitability of Proxima Centauri b. I. Irradiation, rotation and volatile inventory from formation to the present; Astronomy & Astrophysics, Volume 596, id.A111, 18 pp. (2016)
11. Boutle, I. A., et al.; Exploring the climate of Proxima B with the Met Office Unified Model; Astronomy & Astrophysics, Volume 601, id.A120, 13 pp. (2017)
12. Mota, A., et al.; How habitable are M-dwarf Exoplanets? Modeling surface conditions and exploring the role of melanins in the survival of Aspergillus niger spores under exoplanet-like radiation; eprint arXiv:2403.03403 (2024)
13. Pakin, K., L. G.; The Breakthrough Starshot system model; Acta Astronautica, Volume 152, p. 370–384 (2018)
14. Smoot, G. F.; Interstellar Photovoltaics for Exploring Alien Solar Systems; eprint arXiv:2401.06124

15. Andreis, E., et al.; An Autonomous Vision-Based Algorithm for Interplanetary Navigation; eprint arXiv:2309.09590 (2023)
16. US 2005 / 0 192 719 A1
17. Bird, J. et al.; Model Optimization for Deep Space Exploration via Simulators and Deep Learning; eprint arXiv:2012.14092 (2020)
18. US 2023 / 0 024 101 A1
19. Eubanks, T. M. et al.; Swarming Proxima Centauri: Optical Communication Over Interstellar Distances; eprint arXiv:2309.07061 (2023)
20. Gillon, M.; TRAPPIST-1 and its compact system of temperate rocky planets; eprint arXiv:2401.11815 (2024)
21. Seager, S, et al.; Vegetation's Red Edge: A Possible Spectroscopic Biosignature of Extraterrestrial Plants; Astrobiology, Volume 5, Issue 3, pp. 372–390 (2005)
22. Kiang, N. Y., et al.; Spectral Signatures of Photosynthesis. II. Coevolution with Other Stars And The Atmosphere on Extrasolar Worlds; Astrobiology, Volume 7, Issue 1, pp. 252–274 (2007)
23. Beatty, J. Th., et al.; An obligately photosynthetic bacterial anaerobe from a deep-sea hydrothermal vent; Proceedings of the National Academy of Sciences of the United States of America, Volume 102, Issue 26, 2005, pp.9306–9310 (2005)
24. Lehmer, O. R., et al.; The Productivity of Oxygenic Photosynthesis around Cool, M Dwarf Stars; The Astrophysical Journal, Volume 859, Issue 2, article id. 171, 8 pp. (2018)
25. Padovani, P. & Cirasuolo, M.; The Extremely Large Telescope; Contemporary Physics, Vol. 64, Issue 1, pg. 47–64 (2023)
26. Lingam, M. & Loeb, A.; Enhanced interplanetary panspermia in the TRAPPIST-1 system; Proceedings of the National Academy of Sciences, vol. 114, issue 26, pp.6689–6693 (2017)
27. Schwieterman, E. W. & Leung, M.; An Overview of Exoplanet Biosignatures; eprint arXiv:2404.15431 (2024)

28. Bell, T. J., et al.; Methane throughout the atmosphere of the warm exoplanet WASP-80b; Nature, 623, pages 709–712 (2023)
29. Moran, S. E., et al.; High Tide or Riptide on the Cosmic Shoreline? A Water-rich Atmosphere or Stellar Contamination for the Warm Super-Earth GJ 486b from JWST Observations; The Astrophysical Journal Letters, Volume 948, Issue 1, id.L11, 14 pp. (2023)
30. Damiano, M. et al.; LHS 1140 b is a potentially habitable water world; eprint arXiv:2403.13265 (2024)
31. Zapata Trujillo, J. C., et al.; High-throughput quantum chemistry: empowering the search for molecular candidates behind unknown spectral signatures in exoplanetary atmospheres; Monthly Notices of the Royal Astronomical Society, Volume 524, Issue 1, Pages 361–376 (2023)
32. Ardévol Martínez, A., et al.; FlopPITy: Enabling self-consistent exoplanet atmospheric retrievals with machine learning; eprint arXiv:2401.04168 (2024)
33. Seager, S., et al.; Toward a List of Molecules as Potential Biosignature Gases for the Search for Life on Exoplanets and Applications to Terrestrial Biochemistry; Astrobiology, Volume 16, Issue 6, pp.465–485 (2016)
34. Walker, S., I. et al.; Exoplanet Biosignatures: Future Directions; Astrobiology, Volume 18, Issue 6, 2018, pp.779–824 (2018)
35. Madhusudhan, N. et al.; Habitability and Biosignatures of Hycean Worlds; The Astrophysical Journal, Volume 918, Issue 1, id.1, 25 pp. (2021)
36. Madhusudhan, N., et al.; Carbon-bearing Molecules in a Possible Hycean Atmosphere; The Astrophysical Journal Letters, Volume 956, Issue 1, id.L13, 16 pp. (2023)
37. Woiteke, P., et al.; Coexistence of CH_4, CO_2, and H_2O in exoplanet atmospheres; Astronomy & Astrophysics, Volume 646, id.A43, 10 pp. (2021)
38. Wogan, N., F., et al.; JWST observations of K2-18b can be explained by a gas-rich mini-Neptune with no habitable surface; eprint arXiv:2401.11082

39. Hänni, N., et al.; Evidence for Abiotic Dimethyl Sulfide in Cometary Matter; eprint arXiv:2410.08724 (2024)
40. Schmidt, S. P., et al.; A Comprehensive Reanalysis of K2-18 b's JWST NIRISS+NIRSpec Transmission Spectrum; eprint arXiv:2501.18477 (2025)
41. Peng, C., et al.; Knowledge Graphs: Opportunities and Challenges; eprint arXiv:2303.13948 (2023)
42. Sun, Z. et al.; Knowledge Graph in Astronomical Research with Large Language Models: Quantifying Driving Forces in Interdisciplinary Scientific Discovery; eprint arXiv:2406.01391 (2024)
43. Bengio, Y., et al.; Representation Learning: A Review and New Perspectives; eprint arXiv:1206.5538 (2012)
44. Sourati, J. & Evans, J. A.; Accelerating science with human-aware artificial intelligence; Nature Human Behavior, 7, pages 1682–1696 (2023)
45. https://www.nature.com/articles/d41586-023-03596-0 [abgerufen am 21.11.2024]
46. Sai Jakka, M.; Assessing Exoplanet Habitability through Data-driven Approaches: A Comprehensive Literature Review; eprint arXiv:2305.11204 (2023)
47. Vannah, S. et al.; An Information Theory Approach to Identifying Signs of Life on Transiting Planets; eprint arXiv:2310.09472 (2023)
48. Kaltenegger, L., et al.; Finding Signs of Life on Transiting Earthlike Planets: High-resolution Transmission Spectra of Earth through Time around FGKM Host Stars; The Astrophysical Journal, Volume 904, Issue 1, id.10, 8 pp. (2020)
49. Pham, D. & Kaltenegger, L.; Color classification of Earthlike planets with machine learning; Monthly Notices of the Royal Astronomical Society, Volume 504, Issue 4, pp.6106-6116 (2021)
50. Coelho, L. F., et al.; Color Catalogue of Life in Ice: Surface Biosignatures on Icy Worlds; Astrobiology, Volume 22, Issue 3, pp. 313–321 (2022)
51. Kornilov, M. V., et al.; Coniferest: a complete active anomaly detection framework; eprint arXiv:2410.17142 (2024)

52. Lochner, M. & Rudnick, L.; Astronomaly Protege: Discovery Through Human-Machine Collaboration; eprint arXiv:2411.04188 (2024)
53. Sarkar, J., et al.; Postulating exoplanetary habitability via a novel anomaly detection method; Monthly Notices of the Royal Astronomical Society, Volume 510, Issue 4, Pages 6022–6032 (2022)
54. Narasimha, R., et al.; Making Habitable Worlds: Planets Versus Megastructures; eprint arXiv:2309.06562 (2023)

7

Eine Suche nach intelligentem Leben

Die Entwicklung von einfachem Leben zu technologischen Zivilisationen erfolgt vermutlich in vielen komplexen Schritten, die in geeigneter Abfolge durchlaufen werden müssen. Da kleine Störungen im Ablauf dieser Schritte ein Ende dieser Entwicklung bedeuten können, sollte auf potentiell bewohnbaren Planeten nur selten eine Zivilisation entstehen. Entsprechend sind höchstwahrscheinlich verschiedene Zivilisationen im Universum, so es diese überhaupt gibt, durch große Abstände getrennt. Allerdings wäre eine technologische Gesellschaft in der Lage, sehr weitreichende Signale zu erzeugen, womit sich eine entsprechende Suche lohnen könnte. Für eine Fahndung nach Signalen von intelligentem extraterrestrischem Leben kann eine Künstliche Intelligenz in vorteilhafter Weise eingesetzt werden.

7.1 Sichtbarkeit

Die Menschheit hat mittlerweile die Fähigkeit erlangt, unseren Heimatplaneten, die Erde, grundlegend zu verändern [1]. Unser Einfluss auf die natürlichen Kreisläufe ist derart weitreichend, dass mit dem Anthropozän sogar die Einführung eines neuen Erdzeitalters diskutiert wurde [2]. Der Beginn des Anthropozäns wäre dadurch gekennzeichnet, dass sich menschengemachte Spuren ab diesem Zeitpunkt nach geologischen Zeitskalen noch nachweisen lassen. Extraterrestrische Zivilisationen wären potentiell ebenso in der Lage, ganze Planeten umzugestalten. Planetenweite Aktivitäten einer extraterrestrischen Zivilisation auf deren Heimatplaneten könnten entsprechend möglicherweise aus sehr großer Entfernung noch nachweisbar sein.

Eine Möglichkeit, nach Spuren einer extraterrestrischen Zivilisation zu fahnden, wäre, nach künstlichen Veränderungen in einer Planetenatmosphäre Ausschau zu halten. Diese Suche könnte im Rahmen einer Analyse von potentiellen Biosignaturen in den Gashüllen von extrasolaren Planeten erfolgen. Künstlich erzeugte Gase aus sehr unterschiedlichen Quellen wären hier denkbar. Eine der ersten technologischen Errungenschaften der Menschheit, die das Potential hat, bestimmte Spurengase in der Erdatmosphäre anzureichern, ist die Landwirtschaft. Landwirtschaft kann große Mengen an stickstoffhaltigen Gasen wie Ammoniak (NH_3) oder Lachgas (N_2O) erzeugen [3], da sie über die Düngung von Nutzpflanzen in den natürlichen Stickstoffkreislauf eingreift. Die Detektion der genannten Spurengase in einer Exoplanetenatmosphäre könnte entsprechend ein Indiz für eine planmäßig durchgeführte Landwirtschaft auf einem anderen Planeten darstellen [4]. Zivilisationen, die technologisch weiter fortgeschritten wären, könnten zusätzlich durch eine industrielle Verschmutzung der Gashülle ihres Heimatplaneten auffallen [5]. Prominente Gase mit künstlichem Ursprung mit deutlich sichtbaren Signaturen in Planetenatmosphären wären beispielsweise Fluorchlorkohlenwasserstoffe. Diese Stoffe werden auf der Erde in der Regel nur industriell in großen Mengen hergestellt und haben auf unserem Planeten eine gewisse Berühmtheit erlangt, da sie die Ozonschicht schädigen. Daher hat man sich auf der Erde darauf geeinigt, auf die Freisetzung von Fluorchlorkohlenwasserstoffen zu verzichten. Der Einsatz dieser Gase könnte allerdings von anderen Zivilisationen in Erwägung gezogen werden, da diese Stoffe effektive Treibhausgase sind und daher zur Erwärmung eines kalten Planeten nutzbar wären. Prinzipiell wäre es sogar vorstellbar, dass extraterrestrische Zivilisationen bisher unbewohnte Planeten mithilfe industriell hergestellter Treibhausgase erwärmen, um sie auf diese Weise für eine Besiedlung vorzubereiten. Treibhausgase, die insbesondere das chemische Element Fluor beinhalten, wären ebenfalls potentiell in einer Exoplanetenatmosphäre detektierbar [6]. Alternativ zum Vorhandensein bestimmter Stoffe in einer Planetenatmosphäre könnte auch das Fehlen bestimmter Substanzen auf die Aktivität einer extraterrestrischen Intelligenz hindeuten. Beispielsweise wäre denkbar, dass eine energiehungrige Zivilisation den schweren Wasserstoff Deuterium für eine Energieproduktion durch Kernfusion nutzt. Dies würde zu einer ungewöhnlich niedrigen Konzentration von Deuterium in einer Planetenatmosphäre führen [7]. Bisher wurden allerdings weder Hinweise auf extraterrestrische Landwirtschaft noch auf industriell erzeugte Gase oder auf das Fehlen bestimmter Stoffe gefunden.

Aktivitäten einer extraterrestrischen Zivilisation könnten sich jedoch auch in alternativen Beobachtungskanälen verraten. Beispielsweise wäre es denkbar, dass von entsprechenden Intelligenzen große, weithin sichtbare Maschinen betrieben werden [8]. Vorstellbar wäre hier etwa die Nutzung von Sternenergie zum Betrieb von weitreichenden Kommunikations- oder Navigationseinrichtungen. Diese könnten von der Menschheit als laserartige Lichtpulse beobachtet werden (siehe Abb. 7.1). Alternativ oder zusätzlich könnten energiehungrige Zivilisationen solarkraftwerksähnliche Apparaturen mit sehr großer Fläche in der Nähe ihrer Heimatsterne zur Energieversorgung nutzen. Diese Maschinen wären auf verschiedene Art und Weise für die Menschheit potentiell beobachtbar.

Abb. 7.1 Künstlerische Darstellung eines gigantischen Lasers, der in der Nähe eines Sterns betrieben wird. Aus großer Entfernung beobachtet, kann dieser Laser den Stern überstrahlen. (Quelle: https://commons.wikimedia.org/wiki/File:Stellaser.jpg)

Einerseits könnten diese Kraftwerke ihre Zentralsterne bedecken und würden in diesem Fall durch ungewöhnliche Verfinsterungsereignisse auffallen. Andererseits sollten sie sich erwärmen und würden dadurch Wärmestrahlung abgeben. Kandidaten für entsprechende Technologiesignaturen konnten möglicherweise tatsächlich ermittelt werden. Beispielsweise wurden sieben Rote Zwerge mit unerwarteter zusätzlicher Abstrahlung im Wärmestrahlenbereich gefunden [9]. In einem Szenario, das die Aktivitäten einer extraterrestrischen Intelligenz beinhaltet, würden diese zusätzlichen Strahlungskomponenten von den den Stern umkreisenden künstlichen Megastrukturen stammen. Als natürliche Erklärung würden sich Staubscheiben um diese Sterne anbieten, wobei entsprechende Rote Zwergsterne jedoch oft keine prominenten Staubscheiben besitzen. Eine weitere Alternative wäre die Möglichkeit, dass die Wärmestrahlung nicht von der Umgebung der Roten Zwergsterne stammt, sondern von Hintergrundobjekten mit ähnlicher scheinbarer Position am Himmel wie staubreichen Galaxien abgestrahlt wird [10]. Der Ursprung der Wärmestrahlungskomponenten ist daher derzeit noch unbekannt. Insgesamt ist die Suche nach entsprechenden Technologiesignaturen aktuell ein aktives Forschungsgebiet.

Die zuvor genannten potentiellen Signaturen würden von einer extraterrestrischen Intelligenz im Rahmen ihrer Aktivitäten zum Erhalt und Ausbau ihrer Zivilisation erzeugt werden und würden nicht primär zur Kontaktaufnahme mit anderen Zivilisationen dienen. Allerdings wäre es denkbar, dass extraterrestrische Zivilisationen absichtlich einen Informationsaustausch mit anderen Intelligenzen anstreben. Hierzu könnten sie Nachrichten an potentiell bewohnbare Planeten versenden.

7.2 Nachrichten

Mit absichtlich generierten Nachrichten lassen sich komplexe Informationen austauschen, beispielsweise die biochemische Basis der sendenden Intelligenz und die administrative Organisation ihrer Zivilisation oder ihrer gesellschaftlichen Werte und Vorstellungen, um nur einige wenige zu nennen. Diese Daten wären über andere Beobachtungskanäle, wenn überhaupt, nur sehr schwer gewinnbar. Ein Austausch von komplexen Informationen würde daher tiefere Einblicke in die Funktionsweise des entsprechenden Lebens und in die Fundamente einer Zivilisation erlauben. In diesem Sinne wäre ein entsprechender Kontakt möglicherweise sehr lehrreich und wünschenswert. Eine entsprechende Suche nach extraterrestrischen Nachrichten ist daher für die Menschheit ein potentiell interessantes Forschungsvorhaben [11]. Als Erweiterung zu einem reinen Lauschen nach Nachrichten wäre sogar ein Versenden von Informationen durch unsere Spezies an potentiell bewohnbare Planeten denkbar. Diese Vorgehensweise würde der Logik folgen, dass niemand eine Nachricht empfangen könnte, wenn alle nur lauschen und niemand sendet. Hier sollte jedoch nicht unerwähnt bleiben, dass das Versenden von Nachrichten auch die Gefahr in sich birgt, potentiell gefährliche extraterrestrische Zivilisationen auf die Sendenden aufmerksam zu machen, ein Risiko, das schwer abschätzbar ist [12]. Jenseits potentieller Gefahren bei einem Kontakt mit extraterrestrischen Intelligenzen wäre jedoch eine Komplikation bei einer Konversation mit einer extraterrestrischen Intelligenz, dass es keine gemeinsame Sprache gäbe [13]. Eine Dekodierung und ein Verstehen einer entsprechenden Nachricht könnten sich daher als sehr herausfordernd erweisen. Denkbar wäre hier eine Kommunikation auf der Basis von

Mathematik, da generell angenommen wird, dass die Prinzipien der Mathematik universell gültig sind.

Für das Versenden von Nachrichten an möglicherweise existierende extraterrestrische Zivilisationen müsste noch geklärt werden, welchen Inhalt eine menschliche Nachricht haben sollte und wer als Verfasser die ganze Menschheit repräsentieren könnte [14]. Parallel zu einer Diskussion zur Klärung dieser Frage gab es in der Vergangenheit mittlerweile einige Vorstudien zur Machbarkeit einer Übertragung von Nachrichten von der Erde in den Weltraum. Hierzu wurden schon einige Sendungen im Radiostrahlenbereich mit einem gewissen Informationsinhalt verschickt. Eine besondere Gefährdung der Menschheit durch Anlockung einer potentiell gefährlichen extraterrestrischen Zivilisation ist dadurch vermutlich nicht zu erwarten, da im Laufe der Geschichte von der Erde aus, beispielsweise im Rahmen von einer Kommunikation mit Satelliten oder durch weitreichende Radarsignale zur Aufspürung von potentiell einfliegenden ballistischen Raketen, schon eine Vielzahl von Radiosignalen in den Weltraum abgestrahlt wurde. Es ist vermutlich deutlich wahrscheinlicher, dass sich die Menschheit durch unbewusst in den Weltraum abgestrahlte Radiostrahlung bemerkbarer gemacht hat als durch kurze gezielt versendete Nachrichten. Eine besonders bekannte gezielte Informationsübermittlung zu einer potentiellen Kommunikation mit einer extraterrestrischen Zivilisation ist die Arecibo-Botschaft [15]. Diese Nachricht wurde im Jahre 1974 mit dem gleichnamigen Radioteleskop in die Richtung eines Sternhaufens gesendet. Durch die große Anzahl an Sternen im Sendebereich wird die Wahrscheinlichkeit erhöht, dass die Nachricht auf einen bewohnten Planeten trifft. Eine Ankunft der Nachricht dort ist durch die Lichtlaufzeit allerdings erst in etwa 25.000 Jahren zu erwarten. Die Arecibo-Botschaft besteht aus insgesamt

1679 Informationseinheiten, die jeweils entweder den Wert 0 oder 1 annehmen können. Durch die Zerlegung in die beiden Primfaktoren 23 und 79 kann die Nachricht in einem zweidimensionalen Bild dargestellt werden. Sie enthält unter anderem Informationen zur Biochemie des Lebens auf der Erde, zur stilisierten Anatomie des Menschen sowie zur Heimat der Menschheit im Sonnensystem. Entsprechendes Wissen über eine extraterrestrische Zivilisation wäre für die irdische Wissenschaft von sehr großem Interesse.

Nachrichten an extraterrestrische Zivilisationen müssen nicht zwangsläufig mittels Sendungen im Radiobereich verschickt werden. Alternativ dazu können sie ebenfalls an Bord von interstellaren Raumsonden mitgeführt werden. Beispielsweise hat die Menschheit bereits mit den Pioneer- und Voyager-Sonden entsprechende Nachrichten versendet [16]. Diese Informationsträger enthalten Abbildungen von Menschen und irdischen technischen Gerätschaften und in manchen Fällen sogar Audiodateien. Zudem erlauben sie Rückschlüsse auf die Position der Erde im Sonnensystem und die Lage des Sonnensystems in der Milchstraße. Insgesamt würden diese stofflichen Nachrichten weitreichende Informationen über die Menschheit bieten. Allerdings ist es sehr unwahrscheinlich, dass diese winzigen Raumsonden in den Weiten des Alls von einer extraterrestrischen Zivilisation gefunden werden.

Da sich elektromagnetische Wellen oder interstellare Raumsonden lediglich maximal mit der endlichen Geschwindigkeit des Lichts ausbreiten und sich die Sterne in sehr großer Entfernung befinden, wäre nur ein sehr langsamer Informationsaustausch zwischen zwei Zivilisation möglich. Für einen effizienteren Wissensaustausch könnte die Menschheit oder extraterrestrische Zivilisationen daher bei der Versendung von Nachrichten komplexe Informationsstrukturen nutzen, die Informationen erst am Zielort erzeugen würden. Denkbar wären hier beispielsweise Programme zur Durchführung von Simulationen. Mit einem empfangenen Programm könnten auf diesem Wege etwa Simulationen vom Klimageschehen auf dem Planeten der sendenden Zivilisation erzeugt werden. Die Versendung lediglich eines Programmes würde deutlich weniger Zeit in Anspruch nehmen als die Weitergabe des Ergebnisses einer komplexen Simulation. Eine extreme Form des Informationsaustausches wäre die Verschickung einer Künstlichen Intelligenz. Diese Software-Intelligenz könnte unter anderem auf einem Zielplaneten etwa Fragen der empfangenden Zivilisation beantworten [17]. Ein Beispiel eines irdischen Analogons zu einer derartigen extraterrestrischen Künstlichen Intelligenz könnten generative Dialogsysteme darstellen.

7.3 Der Einsatz einer Künstlichen Intelligenz bei der Suche nach extraterrestrischen Nachrichten

Die Suche nach Signalen einer extraterrestrischen Zivilisation gleicht der Fahndung nach einer Nadel im Heuhaufen. Traditionell wird eine entsprechende Suche insbesondere im Radiobereich durchgeführt, da diese Strahlung leicht erzeugt werden kann und die potentiellen Signale auf ihrem langen Weg durch das Universum kaum abgeschwächt werden. Zum Empfang einer irdischen Radiosendung muss das Radio auf die richtige Frequenz eingestellt werden, ein Vorgehen, das analog auch für den Empfang von potentiellen extraterrestrischen Nachrichten gilt. Allerdings ist nicht klar, auf welcher Frequenz eine extraterrestrische Zivilisation senden würde. Idealerweise sollte daher eine Vielzahl von Kanälen durchsucht werden.

Zusätzlich ist es ebenfalls nicht klar, aus welcher Richtung und in welcher Zeitspanne uns eine entsprechende Sendung erreichen würde. Für eine Fahndung nach extraterrestrischen Nachrichten mit gewissen Erfolgsaussichten müsste daher ein großer Teil des Himmels über einen längeren Zeitraum in einer Vielzahl von Frequenzen abgesucht werden. Dabei wären große Datenmengen zu analysieren. Dies ist eine bevorzugte Aufgabe für eine Künstliche Intelligenz [18].

Eine Fahndung nach extraterrestrischen künstlichen Signalen wird noch dadurch verkompliziert, dass die Menschheit selbst eine Vielzahl von Abstrahlungen in den relevanten Frequenzbereichen erzeugt, die extraterrestrischen Sendungen potentiell ähneln. Beispiele hierzu wären Kommunikationen über Mobiltelefone, Radareinsatz zur Erkennung von Umgebungsobjekten im Straßen- und Luftverkehr oder Satellitennavigation und noch vieles mehr. Aus diesem Hintergrund an künstlichen terrestrischen Signalen müssen potentielle künstliche extraterrestrische Nachrichten herausgefiltert werden. Künstliche extraterrestrische Abstrahlungen könnten jedoch besondere Charakteristiken aufweisen. Beispielsweise sollten sie lediglich in einem sehr engen Frequenzbereich erfolgen. Im Unterschied dazu strahlen natürliche Radioquellen typischerweise in einem weiten Frequenzbereich ab. Zusätzlich sollten sich extraterrestrische Sender und die Erde relativ zueinander mit großer Geschwindigkeit bewegen, wohingegen terrestrische Sender sich in der Regel relativ zur Erdoberfläche in Ruhe befinden oder nur langsam bewegen. Sendungen von bewegten Sendern erreichen Empfänger allerdings mit verschobener Frequenz, wie die unterschiedliche Tonhöhe eines Martinshorns eines ankommenden oder abfahrenden Einsatzfahrzeugs zeigt. Im Falle beschleunigter Bewegung verändert sich die Tonhöhe eines Martinshorns sogar mit der Zeit. Unter den zuvor genannten Gesichtspunkten wäre ein Signal in einem sehr begrenzten Frequenzbereich, das von einem beschleunigt bewegten Sender stammt und entsprechend seine Frequenz mit der Zeit verändert, ein Kandidat für eine extraterrestrische Nachricht.

Eine Möglichkeit, eine Suche nach entsprechenden Signalen in sehr großen Datenmengen durchzuführen, ist der Einsatz von maschinellem Lernen [19, 20, 21]. Eine vorteilhafte Vorgehensweise ist die Darstellung aufgefangener Signale in Form eines zweidimensionalen Bildes und eine Klassifikation der verschiedenen Signale durch eine Mustererkennung. Für die Erstellung eines entsprechenden Bildes wird die Breitseite durch die verschiedenen untersuchten Frequenzkanäle gebildet und die Längsseite erstreckt sich über die Zeitspanne der Beobachtung. Die Helligkeit eines Bildpunktes wird durch die Intensität einer empfangenen Radiostrahlung bei einer bestimmten Frequenz zu einer bestimmten Zeit gegeben. Mit diesen Vorgaben lassen sich Radiosignale als Muster in einem entsprechenden Bild übersetzen (siehe Abb. 7.2). Unterschiedliche Klassen von Radiosignalen zeichnen sich dabei durch die jeweiligen Muster in den Frequenz-Zeit-Bildern aus. Die erwarteten Charakteristiken eines potentiellen künstlichen extraterrestrischen Signals würden hier ebenfalls ein ganz bestimmtes Muster ergeben. Für eine Separation zwischen terrestrischen Störsignalen und potentiellen extraterrestrischen Nachrichten müssen von einer Künstlichen Intelligenz zuerst die Charakteristiken der jeweiligen Signaltypen gelernt werden. Die Kenngrößen irdischer Störsignale hierfür sind beispielsweise mittels Messungen bestimmbar. Die entsprechenden Muster für verschiedene Möglichkeiten für künstliche extraterrestrische Nachrichten können mit Simulationen generiert werden. Mithilfe gemessener und simulierter Trainingsdaten können künstliche neuronale Netzwerke dahin gehend optimiert werden, um

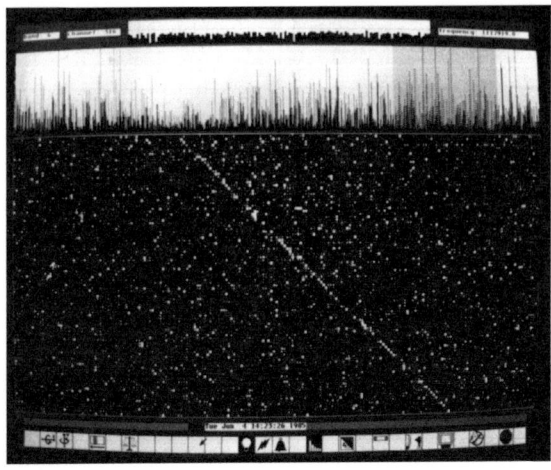

Abb. 7.2 Signal der irdischen Sonde Pioneer 10 im Jahre 1985. Diese Sonde entfernt sich von der Erde und wird das Sonnensystem verlassen. Dargestellt sind auf der x-Achse die Frequenz der Radiostrahlung und auf der y-Achse die Zeit. Bei der Sendung von Pioneer 10 handelt es sich um eine Abstrahlung in einem sehr begrenzten Frequenzbereich. Durch eine beschleunigte oder abgebremste Relativbewegung der Sonde zur Erde verändert sich mit der Zeit die Frequenz der Nachricht, die auf der Erde empfangen wird. Durch dieses Verhalten erscheint in diesem Diagramm das Signal von Pioneer 10 als diagonale Linie. Künstliche extraterrestrische Signale sollten schmalbandig sein und sich ebenfalls relativ zur Erde beschleunigt oder abgebremst bewegen und könnten daher ähnliche Charakteristiken aufweisen. (Quelle: NASA Ames Research Center)

in aufgezeichneten Daten von Radioteleskopen entsprechende Signale effizient zu finden.

Mit dem Einsatz von Künstlicher Intelligenz wurden mittlerweile tatsächlich schon einige wenige Kandidaten für künstliche extraterrestrische Signale in den Daten von Radioteleskopen in den USA und in China entdeckt [22, 23]. Die meisten dieser Signale wurden allerdings lediglich einmal aus einer bestimmten Richtung am Himmel aufgezeichnet. Eine Ausnahme könnte hier der Stern mit der Nummer 54677 aus dem Katalog des Hipparcos-Satelliten darstellen. Der Hipparcos-Satellit wurde dazu eingesetzt, die Positionen von Sternen sehr präzise zu vermessen, wobei aus den Daten dieses Satelliten auch ein Sternenkatalog erstellt wurde. Aus der Richtung des besagten Sterns am Himmel konnten zwei Kandidatensignale für eine extraterrestrische Nachricht aufgefangen werden [22]. Es handelt sich dabei um Signale, die ausschließlich aus der Richtung von HIP 54677 stammen und nur in einem sehr begrenzten Frequenzbereich empfangen wurden. HIP 54677 ist ein oranger Stern, der etwas kühler ist als die Sonne und sich in einer Entfernung von etwa 70 Lichtjahren befindet. Das entspricht etwa der 17-fachen Distanz zu Proxima Centauri zur Sonne. Zu diesem Stern sind derzeit keine Besonderheiten bekannt. Die mithilfe einer Künstlichen Intelligenz entdeckten beiden Signaturen sind möglicherweise nicht die einzigen ungewöhnlichen Radiosignale aus der Richtung von HIP 54677. Interessanterweise wurden in der Vergangenheit schon zwei weitere entsprechende Signale aus dieser Richtung empfangen [24]. Diese beiden Radiosignaturen weisen jedoch eine leicht andere Frequenz auf als jene kürzlich von einer Künstlichen Intelligenz gefundenen Radioabstrahlungen. Die Frequenzen der beiden Signale, die in der Vergangenheit aufgezeichnet wurden, befinden sich allerdings recht nahe an der Frequenz, die genutzt wird, um Messwerte von Flugzeugen zu übertragen [24]. Daher könnte es sich hierbei auch um irdische Störsignale handeln. Weitere Nachbeobachtungen von HIP 54677 haben bisher keine zusätzlichen Kandidatensendungen ergeben [22]. Die Natur der Radiosignale aus der Richtung von HIP 54677 ist bisher noch unbekannt.

Der Fall von HIP 54677 zeigt eine weitere Problematik bei der Suche nach extraterrestrischer Intelligenz auf. Wird ein Kandidat für eine Signatur von extraterrestrischer

Technologie gefunden, ist es oft schwer festzustellen, wie hoch die Wahrscheinlichkeit ist, dass es sich dabei tatsächlich um das Werk einer extraterrestrischen Zivilisation handelt. Entsprechende Signaturen könnten in verschiedener Form gefunden werden. Denkbar wären hier beispielsweise künstliche Megastrukturen, technisch veränderte Himmelskörper oder intelligente Nachrichten. Die Sicherheit, mit der ein bestimmtes Beobachtungsresultat den Aktivitäten einer extraterrestrischen Zivilisation zugeordnet werden kann, variiert jedoch deutlich für verschiedene Beobachtungssignaturen. Interpretationsunsicherheiten sind insbesondere für Fälle relevant, wo als potentielle Signatur lediglich eine Anomalie vorliegt, die sich von allen bisher getätigten Beobachtungsergebnissen unterscheidet. In diesem Fall kann die beobachtete Signatur entweder das Resultat von Aktivitäten einer extraterrestrischen Intelligenz sein oder alternativ kann es sich dabei um einen exotischen natürlichen Mechanismus oder Effekt handeln. Wäre im Rahmen einer natürlichen Erklärung ein ähnlicher natürlicher Effekt bisher noch in keinem anderen Experiment oder in keiner anderen Beobachtung aufgefallen, dann könnte prinzipiell ein der Menschheit unbekannter, natürlicher Mechanismus mit unbekannten Auswirkungen vorliegen. Die Wahrscheinlichkeit für eine entsprechende unbekannte Unbekannte (Sachverhalte, von denen wir nicht wissen, dass wir sie nicht wissen) lässt sich allerdings kaum bestimmen und damit kann auch nicht ermittelt werden, wie hoch die Wahrscheinlichkeit für eine künstlich generierte Alternative wäre, die auf die Aktivitäten einer extraterrestrischen Zivilisation zurückgeht [25]. Ein besonders sicherer Hinweis auf eine extraterrestrische Zivilisation würde jedoch dann vorliegen, wenn eine Nachricht mit intelligentem Inhalt gefunden würde. In diesem Fall könnte ein natürlicher Ursprung faktisch ausgeschlossen werden. Eine entsprechende Nachricht wurde bisher allerdings nicht gefunden.

7.4 Halluzinieren

Der Einsatz von Künstlicher Intelligenz zur Analyse von wissenschaftlichen Daten bringt einige Herausforderungen mit sich [26]. Beispielsweise können Verfahren des maschinellen Lernens Muster in Daten finden, die plausibel aussehen, aber nicht in den Daten selbst präsent sind [27]. Dieses Verhalten einer Künstlichen Intelligenz bezeichnet man als Halluzinieren. Die in den Ursprungsdaten nichtexistenten Muster gelangen dabei in der Regel erst durch das Analyseverfahren in das Analyseresultat. Dieser Effekt ist für eine wissenschaftliche Untersuchung durchaus problematisch, da man sich von der Robustheit eines Forschungsergebnisses erst überzeugen muss. In anderen Bereichen kann Halluzinieren jedoch tatsächlich vorteilhaft eingesetzt werden. Als ein Beispiel hierzu wollen wir uns die hochauflösende Rekonstruktion eines verrauschten Bildes eines Gesichts ansehen [28]. Zur Lösung dieser Aufgabe wird ein künstliches neuronales Netzwerk mit hochauflösenden Bildern von verschiedenen Gesichtern trainiert. Dabei lernt diese Künstliche Intelligenz generelle Formen und Muster in menschlichen Gesichtern. Wird einem solchermaßen trainierten Netzwerk das verrauschte Bild des Gesichtes einer unbekannten Person zur Analyse übergeben, dann kann daraus das Verfahren ein scheinbar hochauflösendes Bild eben dieses Gesichts erstellen. Die Detailschärfe liegt dabei deutlich über dem Informationsgehalt, der in dem ursprünglichen Bild zu finden war. Die zusätzlichen Informationen hierzu bezieht die Künstliche Intelligenz aus den generellen Mustern, die aus den Trainingsdaten extrahiert wurden. Dieses Verfahren ist allerdings abhängig von den gewählten Lernbildern. Über diese Abhängigkeit könnten theoretisch Artefakte in ein rekonstruiertes Bild gelangen, die es in dem Originalbild nicht gibt. Es wäre beispielsweise Folgendes denkbar: Wenn die Gesichter der Trainingsdaten Muttermale enthalten, könnte das rekonstruierte hochauflösende unbekannte Gesicht ebenfalls entsprechende Hautungleichmäßigkeiten zeigen, obwohl diese auf dem Originalgesicht nicht zu finden sind.

Zur hochauflösenden Rekonstruktion von verrauschten Bildern von Gesichtern kann mit passenden Trainingsdaten in bestimmten Fällen ein Halluzinieren einer Künstlichen Intelligenz vorteilhaft eingesetzt werden. Für bestimmte Anwendungen sind allerdings Phantommuster in rekonstruierten Bildern ein ausgesprochen unerwünschter Nebeneffekt. Im medizinischen Bereich etwa könnte ein bildgebendes Verfahren bei einer Krebsdiagnose eine vermeintliche Wucherung anzeigen, die in den Originaldaten nicht vorhanden ist [27]. In diesem Fall wäre es vorteilhaft, diese Halluzination frühzeitig zu erkennen und eine Operation zu vermeiden. Analoges gilt ebenfalls für die Suche nach extraterrestrischer Intelligenz. Auch in diesem Fall möchte man sich sicher sein, dass ein hypothetisches aufgefangenes Signal wirklich in den Originaldaten präsent ist. Glücklicherweise ist es vermutlich möglich, Bildbereiche in einem rekonstruierten Bild zu identifizieren, in denen die Wahrscheinlichkeit einer Halluzination erhöht ist. Diese Phantommuster betreffen vermutlich vermehrt Bildbereiche, in denen die Qualität des Ursprungsbildes besonders schlecht ist [29]. Für diese Bildbereiche wäre der Einfluss des Analyseverfahrens bei einer Rekonstruktion des Bildes besonders hoch.

Das Problem des Halluzinierens betrifft nicht nur Bildanalysen. Mit dem umfassenden Einsatz von Dialogsystemen rückte dieses Thema ebenfalls in den Blickpunkt einer Diskussion zu einer generativen Künstlichen Intelligenz, die insbesondere sprachlich formulierte Fragen beantworten kann. Dialogsysteme können in manchen Fällen Antworten geben, die prinzipiell wahr klingen, aber tatsächlich falsch sind [30]. Eine der Ursachen könnte darin liegen, dass bei der Datensammlung zur Antwortgeneration nicht alle existierenden Informationen einbezogen werden können. Wegen der begrenzten Zeit für die Erstellung einer Antwort werden lediglich Informationen berücksichtigt, die mithilfe einer Entscheidungslogik als wahrscheinlich relevant klassifiziert wurden. Die begrenzte Datenbasis, aus der eine Antwort generiert wird, kann jedoch zu falschen Antworten führen. Daher kann in diesem Fall eine Halluzination das Ergebnis der genutzten Datenbasis sein. Zusätzlich können Halluzinationen aber auch durch das Training des künstlichen neuronalen Netzwerks in die Antwort gelangen. Insgesamt sollten Antworten eines Dialogsystems grundsätzlich immer mit alternativen Datenbeschaffungsmethoden überprüft werden.

Eine Möglichkeit zur Beurteilung des Wahrheitsgehalts einer Antwort, die von einem Dialogsystem ausgegeben wurde, ist in manchen Fällen der Einsatz einer zweiten Künstlichen Intelligenz. Diese zweite Künstliche Intelligenz stellt dabei mehrmals dieselbe Frage. Antwortet das Dialogsystem bei jeder Fragewiederholung mit einer konsistenten Faktenlage, ist die Antwort vermutlich korrekt. Sollten die einzelnen Antworten auf dieselbe Frage jedoch deutlich voneinander abweichen, liegt der Verdacht nahe, dass das Dialogsystem bei jeder Frage eine neue Antwort erfindet. Im Rahmen dieses Analyseverfahrens untersucht die zweite Künstliche Intelligenz daher, wie sehr die einzelnen Antworten voneinander abweichen. Aus den Maßen der Abweichungen wird auf den Wahrheitsgehalt der gegebenen Antworten geschlossen [31].

Halluzinationen könnten für eine besondere Art der Mensch-Maschine-Interaktion jedoch auch vorteilhaft genutzt werden. Diese, von einer Künstlichen Intelligenz quasi frei erfundenen Antworten, erwecken den Anschein, als wären sie wahr. Damit wären sie ein Analogon zu menschengemachten Hypothesen, die ebenfalls wahr klingen [32]. Hypothesen sind mögliche Erklärungsmodelle für Vorgänge im Universum. Mithilfe von Experimenten und Beobachtungen muss in weiterer Folge jedoch entschieden werden, welche Hypothesen die Natur zutreffend beschreiben und welche nicht. Analog zu menschlichen Hypothesen müssen auch ihre Cousinen, die von einer Künstlichen Intelligenz erstellt wurden, auf ihr Zutreffen hin überprüft werden. Beispielsweise wäre es denkbar, Dialogsysteme nach Erklärungen für bisher unverstandene Beobachtungen zu befragen. Anschließend müssen diese potentiellen Erklärungsmodelle mit unabhängigen Daten verglichen werden. Im Kontext dieses Buchs könnte es sich bei den rätselhaften Beobachtungsergebnissen um Kandidaten für Bio- oder Technologiesignaturen handeln. Prinzipiell wäre es also vorstellbar, dass eine Zusammenarbeit von Menschen und halluzinierenden Künstlichen Intelligenzen vorteilhaft bei der Erstellung von Hypothesen anwendbar wäre.

Generell kann gesagt werden, dass eine Künstliche Intelligenz für eine Suche nach ungewöhnlichen Beobachtungssignaturen, wie sie beispielsweise die Aktivitäten einer extraterrestrischen Zivilisation darstellen würden, eingesetzt werden kann. Allerdings muss hier die Neigung dieser Systeme zum Halluzinieren berücksichtigt werden.

7.5 Citizen Science

Bisher haben wir uns potentielle Einsatzmöglichkeiten Künstlicher Intelligenzen bei der Suche nach extraterrestrischen Intelligenzen angesehen. In diesem Abschnitt wollen wir uns mit einer besonderen Form des Einsatzes menschlicher Fähigkeiten bei der Suche nach außergewöhnlichen Beobachtungsresultaten befassen. Menschen sind in der Lage, innerhalb kurzer Zeit Muster in Bildern oder anderen Daten zu erkennen. Diese Möglichkeit einer Datenklassifikation wird im Rahmen von Citizen-Science-Projekten ausgenutzt. Der Grundgedanke bei diesen Projekten ist die Mitwirkung von einer großen Anzahl an Laien, die möglichst unbeeinflusst Bilder oder andere Daten durchsehen. Die Aufgabe dieser Teilnehmenden besteht in der Regel darin, die gesichteten Daten in bestimmte Ergebniskategorien einzuordnen. Durch die große Anzahl an Mitwirkenden bekommt man dabei einen Querschnitt an Klassifikationen. Insbesondere liefern Citizen-Science-Projekte als ein Resultat die populärsten Einordnungen für bestimmte Bilder oder Datenpakete. Zusätzlich können einzelne, weit abliegende Klassifikationen als potentielle Fehleinordnungen erkannt werden. Damit ergibt sich eine Klassifikation von Daten aus der Intelligenz des Schwarms. Citizen-Science-Projekte können zusätzlich ebenfalls für ein maschinelles Lernen eingesetzt werden, wobei die Schwarmdaten als Trainingsdaten dienen [33, 34].

Als ein Beispiel eines Citizen-Science-Projekts möchte ich hier eine Arbeit vorstellen, an der ich auch beteiligt war und die sich mit der Erkennung von zeitlich variablen Radioquellen befasst [35]. Moderne Radioteleskope sind in der Lage, große Bereiche des Himmels gleichzeitig mit hoher zeitlicher Auflösung zu beobachten. Mit diesem

Vorgehen ist es sowohl möglich, zeitliche Veränderungen von bekannten Radioquellen zu bestimmen als auch das Auftauchen von bisher unbekannten Quellen zu verfolgen. In diesem Projekt bekamen die Teilnehmenden den zeitlichen Verlauf des Flusses an Radiostrahlung von verschiedenen Quellen gezeigt und es musste eine Einordnung in variable und nicht-variable Radiostrahler vorgenommen werden. Eine der Herausforderungen bei dieser Arbeit bestand unter anderem darin, dass die einzelnen Flussmessungen mit signifikanten Messfehlern behaftet sein können. Der Schwarm an Teilnehmenden betrug bei diesem Projekt mehr als 1000 Personen, die fast 100.000 Klassifikationen vornahmen. Es stellte sich dabei heraus, dass Menschen in der Lage waren, einige variable Radioquellen zu finden, die durch ein automatisches algorithmisches Analyseverfahren nicht gefunden wurden. Bei den meisten aufgefundenen variablen Radioquellen handelt es sich um aktive Galaxienkerne. Diese bestehen aus einem supermassereichen Schwarzen Loch, das zeitlich variabel Materie in sich aufsaugt. Durch diese Materialaufnahme entsteht vermutlich die zeitabhängige Radiostrahlung. Aktive Galaxienkerne sind bekannte Radioquellen mit variablem Fluss. Zusätzlich dazu wurden im Rahmen dieses Projekts noch drei Radiostrahler mit etwas ungewöhnlicherem Verhalten identifiziert. Diese drei Radioquellen sollen nun kurz vorgestellt werden. Beim ersten entsprechenden Objekt handelt es sich um einen alten Stern, der sich gegen Ende seines Sternlebens zu einem Riesen aufgebläht hat. Dieser Stern kann dabei eine Größe erreichen, die die Größe unserer Sonne um mehrmals das Hundertfache übertrifft. In dieser Lebensphase ist der Stern aufgrund seines Sternwindes von einer selbstgenerierten Staubwolke umgeben. Dieser generelle Entwicklungsweg wird von einer Vielzahl von Sternen beschritten, wobei diese Objekte nicht zwangsläufig zu variablen Radiostrahlern werden. In einem Fall zeigte der betreffende Stern allerdings dieses Verhalten. Die genaue Ursache der variablen Radioemission aus der Richtung dieses speziellen Sterns ist derzeit noch unbekannt. Beim zweiten Objekt handelt es sich um einen Pulsar, der einen variablen Radiofluss auf Zeitskalen von Monaten bis Jahren zeigt. Dieses Verhalten ist für diese ultrakompakten Überbleibsel von Supernovaexplosionen ungewöhnlich und der genaue Ursprung der zeitlichen Variation ist im vorliegenden Fall derzeit ebenfalls noch unbestimmt. Die dritte Radioquelle weist einen Fluss auf, der sich sinusförmig im Laufe von Monaten verändert. Die genaue Natur dieses Objekts ist derzeit unbekannt und muss erst mit zukünftigen Beobachtungen geklärt werden. Diese Beispiele zeigen, dass Citizen-Science-Projekte in der Lage sind, ungewöhnliche Himmelskörper oder astrophysikalische Phänomene zu finden.

In einem anderen Citizen-Science-Projekt wurde ein Objekt mit besonders unerwartetem Verhalten gefunden, das möglicherweise eine Relevanz für die Suche nach extraterrestrischer Intelligenz aufweist. In den Daten des Kepler-Satelliten, der standardmäßig dazu eingesetzt wurde, Planetenbedeckungen von Sternen zu entdecken, wurde ein Stern mit exotischem Verdunkelungsmuster gefunden. Dieser Stern ist unter der Bezeichnung KIC 8462852 bekannt, wobei die Nomenklatur einem Sternkatalog folgt, der im Rahmen der Kepler-Mission eingesetzt wurde. Ebenfalls bekannt ist dieser Stern als Tabbys Stern oder Boyajians Stern, entsprechend dem Namen der Astronomin, die zentrale Forschungsarbeiten zu diesem Objekt durchgeführt hat. Die Besonderheit von KIC 8462852 besteht darin, dass er in semiregelmäßigen bis unregelmäßigen zeitlichen Abständen Verdunkelungen mit variabler Tiefe zeigt [36]. Während bestimmter Phasen kann bis über 20 % des Sternlichts abgedunkelt sein, wohingegen zu anderen Zeiten Verfinsterungsereignisse mit einer Tiefe von lediglich unter 1 % beobachtet wurden. Die Ursache dieses außergewöhnlichen Verhaltens ist derzeit noch unbekannt. Ein Grund für die Abdunkelungen mit variabler Tiefe könnte darin liegen, dass während dieser Phasen Licht dieses Sterns von einem Objekt mit variabler bedeckender Fläche blockiert wird. Dies könnte beispielsweise durch die Bedeckung mit einer Scheibe der Fall sein, die, je nach Sichtwinkel, den Stern während bestimmter Zeiten mit ihrer Breitseite bedeckt und ihn während anderer Zeiten lediglich mit ihrer Schmalseite abdunkelt. Alternativ könnte es sich um einen Schwarm von Objekten handeln, die von der Erde aus gesehen in unterschiedlichen Formationen vor dem Stern vorbeiziehen. Im Rahmen einer Interpretation, die die Aktivitäten einer extraterrestrischen Zivilisation beinhaltet, könnte es sich bei diesen Objekten um künstliche Strukturen handeln, die, ähnlich zu Solarkraftwerken, zur Energiegewinnung aus Sternenlicht betrieben werden [37, 38]. Neuere Beobachtungsergebnisse sind allerdings nicht im Einklang mit dieser Technologiesignatur-Interpretation. Es zeigte sich, dass die Abdunkelungen von KIC 8462852 im optischen blauen Licht tiefer sind als im optischen roten Licht [39]. Dies deutet darauf hin, dass es sich bei dem bedeckenden Objekt nicht um einen festen Körper handelt, denn dieser würde alle Wellenlängen gleichermaßen blockieren. Vermutlich handelt es sich hier um eine Staubwolke oder Staubscheibe mit variabler Dichte, wobei dichtere Wolkenbereiche stärkere Abdunkelungen hervorrufen als weniger dichte Bereiche (siehe Abb. 7.3).

Die Entdeckung des ungewöhnlichen Verhaltens von KIC 8462852 hat unter anderem dazu geführt, systematisch nach exotischen Sternbedeckungen zu suchen [40]. Bei normalen Planetenbedeckungen wäre zu erwarten, dass sich diese Abdunkelungen mit der Regelmäßigkeit der Bahnperiode der Planeten wiederholen und dass ihre

7 Eine Suche nach Intelligentem Leben

Abb. 7.3 Künstlerische Darstellung der möglichen Gegebenheiten im Umfeld des Sterns KIC 8.462.852. Dieser Stern ist vermutlich von einer Staubscheibe mit variabler Dichte umgeben. Durch Bedeckung des Sterns durch diese Staubscheibe kommt es in unregelmäßigen Abständen zu Abdunkelungen des Sternlichts mit unterschiedlicher Tiefe. (Quelle: NASA/JPL-Caltech/T. Pyle)

Tiefe immer vergleichbar wäre, da es sich bei Planeten um kugelförmige Objekte handeln sollte. Anomale Verdunkelungsereignisse könnten sich in diesem Zusammenhang dadurch auszeichnen, dass einzelne Verfinsterungen viel tiefer oder flacher sind als erwartet oder dass sie sogar ganz ausfallen oder dass sie sich, verglichen mit den erwarteten Eintrittszeitpunkten, mit großer Zeitverzögerung ereignen. Die Suche nach derartigen Exotika ist derzeit, insbesondere mit Einsatz einer Künstlichen Intelligenz, noch im Gange.

In diesem Abschnitt haben wir gesehen, dass Menschen in der Lage sind, außergewöhnliche Phänomene zu entdecken. Diese Funde können dazu genutzt werden, Maschinen beizubringen, nach ähnlichen Anomalien zu suchen.

Auf diesem Weg könnten Menschen allerdings Maschinen bei ihrer Analysearbeit unbewusst beeinflussen, ein Effekt, den wir uns im nächsten Abschnitt ansehen wollen.

7.6 Konditionieren

Menschen haben gelernt, innerhalb kurzer Zeit Strukturen in komplexen Mustern oder in komplexen Datenlagen zu erkennen. Diese Fähigkeit erlaubt es uns, auf ungewöhnliche Situationen möglichst schnell zu reagieren. Eine Methode, innerhalb kurzer Zeit ein grundlegendes Verständnis komplexen Daten zu extrahieren, besteht darin, bekannte Muster in unbekannten Daten zu finden. Damit kann Unbekanntes auf zumindest teilweise Vertrautes zurückgeführt werden. Eine schnelle Entscheidungsfindung kann allerdings auch fehlerbehaftet sein. Beispielsweise neigen Menschen dazu, bekannte Formen auch dann in unbekannten Mustern zu erkennen, wenn diese in den Daten nicht präsent sind. Diesen Sachverhalt wollen wir uns anhand einer Bestimmung von verschiedenen Oberflächenformen auf dem Zwergplaneten Ceres durch Teilnehmende an einem Citizen-Science-Projekt ansehen.

Ceres ist mit einem Durchmesser von etwa 1000 km der größte der Kleinkörper, der sich im Asteroidengürtel zwischen Mars und Jupiter um die Sonne bewegen. Dieses Objekt besitzt eine dunkle Oberfläche, die jedoch an einigen Stellen, insbesondere in bestimmten Kratern, bemerkenswerte helle Flecken aufweist [41]. Diese hellen Flecken stammen vermutlich von Salzablagerungen, die dadurch entstanden, dass Salzlauge aus dem Inneren von Ceres austrat und verdunstete (siehe Abb. 7.4). Diese Salzablagerungen können dabei komplexe Muster bilden (siehe Abb. 7.5). In dem zuvor vorgestellten Citizen-Science-Projekt hatten Teilnehmende die Aufgabe, geomet-

Abb. 7.4 Aufnahme der Raumsonde Dawn von der Oberfläche von Ceres. In einem Krater sind auffällige helle Flecken zu sehen. Der Durchmesser dieses Kraters beträgt etwa 100 km. (Quelle: NASA/JPL-Caltech/UCLA/MPS/DLR/IDA)

rische Formen in den Strukturen dieser hellen Flecken zu finden [42]. Auch wenn es sich bei den Salzablagerungen mit hoher Wahrscheinlichkeit um natürliche Strukturen handelt, fanden die Teilnehmenden verschiedene geometrische Formen wie Dreiecke, Rechtecke und Kreise in den Mustern. Tatsächlich sind diese geometrischen Formen vermutlich allerdings nicht präsent in den Salzablagerungen. Diese Eigenheit der menschlichen Musterbestimmung muss bei einer Suche nach extraterrestrischen

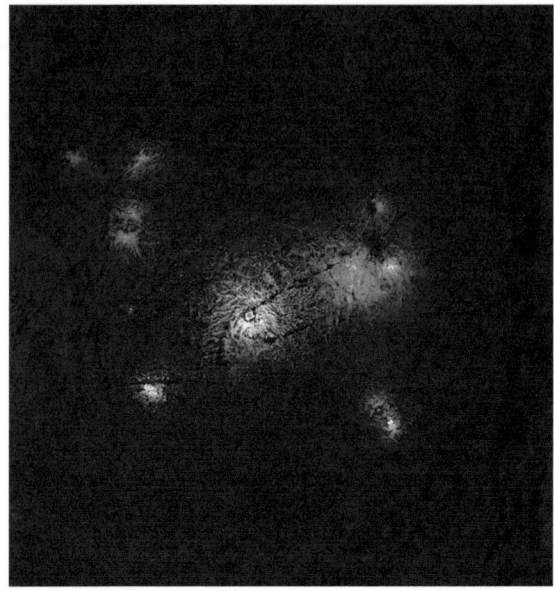

Abb. 7.5 Aufnahme einiger heller Flecken auf Ceres mit höherer Auflösung. (Quelle: NASA/JPL-Caltech/UCLA/MPS/DLR/IDA)

Technologiesignaturen berücksichtigt werden. Interessanterweise schnitten Künstliche Intelligenzen bei der Durchführung derselben Aufgabe ebenfalls nicht fehlerfrei ab. Hierzu wurde ein künstliches neuronales Netzwerk mit geometrischen Formen trainiert und sollte in den hellen Strukturen auf Ceres in analoger Weise geometrische Figuren finden. Die Künstliche Intelligenz erkannte in Übereinstimmung mit einigen menschlichen Teilnehmenden ebenfalls Dreiecke und Quadrate in den Mustern. Vermutlich sind diese Fehlklassifikationen auf die gewählten Trainingsdaten zurückzuführen.

Dieses Beispiel zeigt, dass ein Training von Künstlichen Intelligenzen mit den Schwarmdaten aus Citizen-Science-Projekten mit einer gewissen Vorsicht durchgeführt werden sollte. Es könnte nämlich passieren, dass durch die menschliche Klassifikation Suchergebnisse in die Trainingsdaten gelangen könnten, die es in den Originaldaten nicht gab. In diesem Fall hätten Menschen eine Künstliche Intelligenz dahin gehend konditioniert, Muster zu finden, die Menschen finden wollten, die jedoch in den Daten nicht vorhanden sind. Generell sollten entsprechend aufgefundene potentielle Technologiesignaturen immer einer genauen Überprüfung unterzogen werden.

Bisher haben wir uns damit befasst, Signale von extraterrestrischen Zivilisationen in sehr großem Abstand zu unserem Sonnensystem zu suchen. Im nächsten Abschnitt wollen wir der Frage nachgehen, ob eine Künstliche Intelligenz dabei helfen kann, Technologiesignaturen einer extraterrestrischen Intelligenz in unserem eigenen Planetensystem zu finden.

7.7 Artefakte im Sonnensystem

Raumfahrtbetreibende extraterrestrische Zivilisationen könnten Raumsonden ins Sonnensystem entsenden, um unsere Heimat zu erforschen [43]. Alternativ oder zusätzlich könnte extraterrestrischer Weltraumschrott unser Planetensystem durchfliegen. Entsprechende Objekte oder Artefakte würden sich potentiell durch bestimmte Beobachtungssignaturen verraten.

Irdischer Weltraumschrott besteht in der Regel aus Metall, das meist eine reflektierende Oberfläche besitzt. An diesen glatten Oberflächen kann Sonnenlicht Richtung Erde reflektiert werden und ein entsprechendes Objekt ist damit bei einer Sonnenlichtreflexion über große Distanzen beobachtbar. Für den häufigen Fall, dass diese Bruchstücke von Raumfahrtmissionen rotieren, wird das Sonnenlicht lediglich für eine kurze Zeitspanne Richtung Erde gespiegelt und dieses Stück Weltraumschrott erscheint einem irdischen Beobachtenden als kurzer Lichtblitz am Himmel. Mit Beobachtungen von kurzen Lichtblitzen wären daher bestimmte Arten von Weltraumschrott auffindbar. Terrestrischer Weltraummüll konzentriert sich um jene Erdumlaufbahnen, die häufig für Weltraummissionen genutzt werden. Die Dichte dieser Satellitenbruchstücke ist in erdnahen Umlaufbahnen besonders hoch und nimmt mit zunehmender Entfernung zur Erde stark ab. Im interplanetaren Raum zwischen den Planeten im Sonnensystem sollten nur sehr wenig irdische Hinterlassenschaften zu finden sein. Würde entsprechend eine weltraumschrottähnliche Sonnenreflexion aus einer Region des Sonnensystems detektiert werden, in der es so gut wie keine irdischen Bruchstücke gibt, könnte es sich dabei um extraterrestrischen Weltraumschrott handeln [44].

Ein möglicherweise noch direkterer Hinweis auf extraterrestrische Artefakte wäre gegeben, wenn entsprechende Lichtblitze zu einer Zeit beobachtet worden wären, als es noch keine irdischen Raumfahrtaktivitäten gab. Das Raumfahrtzeitalter auf der Erde begann mit dem sowjetischen Satellit Sputnik 1 im Jahre 1957 und Signaturen von Weltraumschrott aus einer Zeit vor dessen Start wäre daher wohl nicht menschengemacht. In der Zeit vor Sputnik 1 wurden erste systematische fotografische Aufnahmen vom Himmel erstellt, und kurze Lichtblitze würden dort als Lichtquellen aufscheinen, die in nachfolgenden Himmelsaufnahmen derselben Himmelsregion nicht mehr zu sehen wären. Tatsächlich wurden in einer bestimmten Himmelsaufnahme aus dem Jahre 1950 neun vermeintliche Lichtquellen gefunden, die mit nachfolgenden Himmelsabbildungen nicht mehr detektiert wurden [45]. Diese potentiellen Lichtquellen wurden als Schwärzungen auf einer Fotoplatte aufgezeichnet. Die Positionen einiger dieser potentiellen Lichtblitze reihen sich entlang einer

Linie auf. Diese Anordnung wäre für ein metallisches Objekt zu erwarten, das sich entlang einer Bahn bewegt und durch Rotation wiederholt Sonnenlicht Richtung Erde reflektiert.

Der Ursprung dieser neun Schwärzungen auf den Fotoplatten ist derzeit noch unbekannt. Einerseits könnte es sich tatsächlich um kurze Lichtblitze handeln, andererseits könnten sie durch radioaktive Strahlung oder Fehler auf den Fotoplatten hervorgerufen worden sein. Eine Möglichkeit der Klärung wäre hier eine Untersuchung der Form der Schwärzungen auf den Himmelsaufnahmen. Sollte es sich um Lichtblitze handeln, sollten ihre Abbildungen dieselbe Form aufweisen wie die Abbildungen von benachbarten Sternen. Für den vorliegenden Fall wurde ein künstliches neuronales Netzwerk mit den Abbildungen von benachbarten Sternen trainiert und die neun fraglichen Schwärzungen wurden mithilfe dieses trainierten neuronalen Netzwerks analysiert. Dabei zeigte sich, dass die Bilder dieser neun Schwärzungen von der Form der Sternabbildungen möglicherweise abweichen [46]. Sollte sich dieser Befund bestätigen, wären sie damit keine Signaturen von Sonnenreflexionen an metallischen Gegenständen und damit auch kein Hinweis auf extraterrestrische Artefakte. Wahrscheinlicher wäre es in diesem Fall, dass es sich bei den neun Schwärzungen um Plattenfehler handelt.

Die gefundenen neun Schwärzungen sind jedoch nicht die einzigen derartigen Signaturen auf alten Fotoplatten. Auf einer Himmelsaufnahme aus dem Jahr 1952 wurden drei weitere potentielle Lichtblitze abgebildet, die auf neueren Aufnahmen derselben Himmelsregion nicht zu sehen sind [47]. Auch für diesen Fall wurde die Form der drei Schwärzungen mit den Abbildungen von Sternen verglichen. Dabei wurde festgestellt, dass es sich hier vermutlich tatsächlich um Lichtblitze gehandelt haben muss.

Diese drei Lichtblitze reihen sich allerdings nicht entlang einer Linie auf. Eine Interpretation dieser drei temporären Lichtquellen ist sehr herausfordernd. Abseits einer Erklärung, die extraterrestrische Artefakte beinhaltet, könnte es sich alternativ um eine zeitlich variable natürliche Strahlungsquelle handeln, die zusätzlich noch durch eine Gravitationslinse verschiedentlich verstärkt und in ihrer scheinbaren Position am Himmel verschoben wurde. Gravitationslinsen sind massive Objekte, die sich zwischen einer astrophysikalischen Lichtquelle und einem Beobachtenden befinden und die Lichtstrahlen der Quelle durch Gravitationswirkung ablenken. Der genaue scheinbare Ort und die durch die Gravitationslinse verursachte Vergrößerung eines Hintergrundobjekts hängen von der genauen Konfiguration von Lichtquelle, Linse und Beobachtendem ab (siehe Abb. 7.6). Bewegt sich eine Gravitationslinse quer zur Sichtlinie, kann das im Laufe der Zeit zu einer

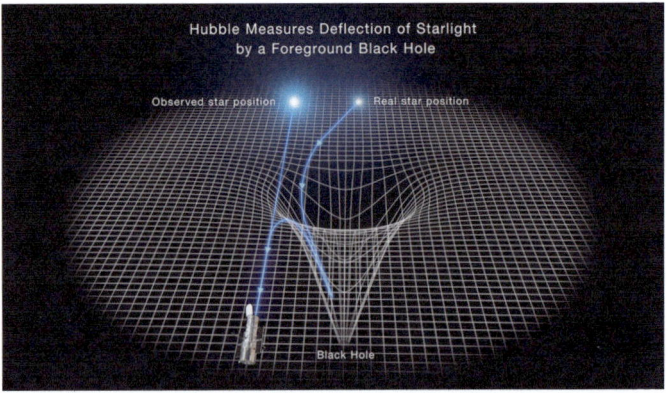

Abb. 7.6 Schematische Darstellung der Wirkung einer Gravitationslinse auf das Licht eines Hintergrundsterns. Durch den Gravitationslinseneffekt kann ein Hintergrundobjekt für einen Beobachtenden vergrößert und am Himmel in seiner Position verschoben erscheinen. (Quelle: NASA, ESA, STScI, Joseph Olmsted)

Veränderung der scheinbaren Position der Lichtquelle am Himmel führen. Damit wäre eine Erzeugung von räumlich verschobenen Bildern der Hintergrundlichtquelle im Laufe der Zeit möglich. Die Tatsache, dass diese drei Lichtquellen im Jahre 1952 beobachtet wurden, jedoch in späteren, tieferen Himmelsaufnahmen nicht zu sehen sind, deutet darauf hin, dass die Hintergrundlichtquelle eine starke zeitliche Variation in ihrem Lichtfluss aufweist. Um allerdings die scheinbare Position einer zeitlich variablen Quelle genau zu dem Zeitpunkt durch eine Gravitationslinse zu verschieben, wenn diese Lichtquelle gerade besonders hell strahlt, müssen zwei sehr unwahrscheinliche Ereignisse zeitlich zusammenfallen. Die Wahrscheinlichkeit für eine derartige Koinzidenz ist jedoch sehr gering. Eine alternative Interpretation im Rahmen eines künstlichen extraterrestrischen Objekts ist allerdings ebenso herausfordernd. Der genaue Ursprung der drei Lichtblitze aus dem Jahr 1952 ist nach wie vor ungeklärt.

Die Suche nach reflektierendem extraterrestrischem Weltraumschrott ist nur eine mögliche Anwendung einer Künstlichen Intelligenz bei der Suche nach extraterrestrischen Artefakten in unserem Sonnensystem. Es wäre denkbar, dass extraterrestrische Sonden unser Sonnensystem erforschen und hierfür ungewöhnliche Bewegungsbahnen nutzen. Im Gegensatz dazu sollten natürliche Objekte Bahnen folgen, die ihnen durch die Anziehungskraft massereicher Körper im Sonnensystem wie der Sonne und den Planeten vorgegeben werden. Künstliche extraterrestrische Objekte könnten sich entsprechend als Anomalien in den Bewegungsbahnen der Himmelskörper im Sonnensystem verraten. Derzeit werden Vorbereitungen getroffen, mit systematischen Beobachtungen ein Inventar des Sonnensystems zu erstellen. Mit wiederholten Himmelsaufnahmen vom ganzen sichtbaren Himmel können Objekte gefunden werden, deren Position sich im Laufe der

Zeit verändert. Diese Objekte sind in der Regel Teil des Sonnensystems und die beobachteten Positionen folgen ihren Bewegungsbahnen durch den interplanetaren Raum. Mithilfe dieses Inventars an Sonnensystemobjekten lassen sich Anomalien unter den Bewegungsbahnen finden [48]. Diese Methode kann in weiterer Folge dazu genutzt werden, nach Kandidaten für extraterrestrische Raumflugkörper zu fahnden.

Prinzipiell wäre es sogar vorstellbar, dass sich extraterrestrische Sonden bisher unerkannt unter die irdischen Raumfahrzeuge im erdnahen Weltraum mischen. Auch in diesem Fall könnte nach entsprechenden Artefakten gesucht werden. Extraterrestrische Artefakte wären vermutlich aus anderem Material gefertigt als ihre irdischen Verwandten. Daher könnte eine Fahndung nach extraterrestrischen Weltraumfahrzeugen auch darauf abzielen, nach Objekten zu suchen, die aus außergewöhnlichen Werkstoffen gefertigt wurden. Diese Aufgabe wäre ebenfalls ein bevorzugtes Einsatzfeld einer Künstlichen Intelligenz. Ein künstliches neuronales Netzwerk kann hierzu mit den Reflexionseigenschaften für Licht mit verschiedenen Wellenlängen für eine Vielzahl von bekannten irdischen Materialien trainiert werden. Durch die Messung der Reflexionseigenschaften von verschiedenen Weltraumfahrzeugen und durch die Analyse dieser Daten mithilfe dieses neuronalen Netzwerks wäre es möglich, die beobachteten Objekte, je nach genutztem Werkstoff, in verschiedene Objektklassen einzuordnen [49]. Besonders spannend wären hier Objekte, deren Rückstrahlungscharakteristiken nicht konsistent sind mit von der Menschheit typischerweise genutzten Werkstoffen. Sollten auffällige Objekte tatsächlich gefunden werden, wären zusätzlich forensische Untersuchungen wie chemische Untersuchungen und Isotopenanalysen der betreffenden Materialien denkbar. In einem Fall wurden auf diesem Wege möglicherweise schon Anomalien in der Zusammensetzung in einem entsprechenden Material festgestellt, wobei dessen Ursprung noch unbekannt ist [50]. Zusätzlich wurden in Meteoriten Mineralien auf Metallsulfidbasis gefunden, die zu ihrer Entstehung möglicherweise komplexe kontrollierte Prozesse erfordern. Für diese Stoffe wurde bereits ein künstlicher extraterrestrischer Ursprung diskutiert [51]. Die vorgeschlagenen Untersuchungsmethoden von Weltraumobjekten sind derzeit ein aktives Forschungsgebiet [52, 53, 54, 55].

In einem weiteren Szenario wäre es denkbar, dass eine extraterrestrische Zivilisation Stützpunkte, Fahrzeuge oder Bauwerke auf der Oberfläche eines Himmelskörpers im Sonnensystem hinterlassen hat [56]. Diese potentiellen Technologiesignaturen würden als Anomalien unter den Oberflächenstrukturen dieses Himmelsobjekts erscheinen. Für eine Fahndung nach entsprechenden Hinterlassenschaften wäre eine Künstliche Intelligenz ebenfalls vorteilhaft einsetzbar. Mittlerweile werden mithilfe von Musteranalysen Aufnahmen von geologischen Formationen im Sonnensystem nach besonderen Strukturen durchsucht [57]. Ein Ziel dieser Untersuchungen ist, seltene geologische Prozesse auf der Oberfläche von verschiedenen Objekten im Sonnensystem zu identifizieren. Entsprechende Programme könnten in Zukunft im Rahmen eines Szenarios, das Aktivitäten einer extraterrestrischen Intelligenz beinhaltet, auch hier zu unerwarteten Funden führen.

Mit der Fahndung nach extraterrestrischen Artefakten in unserem Sonnensystem sind wir bei der Möglichkeit angelangt, dass sich extraterrestrische Zivilisationen auf die Suche nach der Erde gemacht haben. Im nächsten Abschnitt wollen wir uns näher mit diesem Szenario befassen.

Literatur

1. Haqq-Misra, J. et al.; Projections of Earth's technosphere. I. Scenario modeling, worldbuilding, and overview of remotely detectable technosignatures; eprint arXiv:2409.00067 (2024)
2. Crutzen, P. J.; Geology of mankind; Nature, 415, 23 (2002)
3. Ivanovich, C. C., et al.; Future warming from global food consumption; Nature Climate Change, 13, pages 297–302 (2023)
4. Haqq-Misra, J. et al.; Disruption of a Planetary Nitrogen Cycle as Evidence of Extraterrestrial Agriculture; The Astrophysical Journal Letters, Volume 929, Issue 2, id.L28, 7 pp. (2022)
5. Lin, H. W. et al.; Detecting Industrial Pollution in the Atmospheres of Earth-like Exoplanets; The Astrophysical Journal Letters, Volume 792, Issue 1, article id. L7, 4 pp. (2014)
6. Schwieterman, E. W., et al.; Artificial Greenhouse Gases as Exoplanet Technosignatures; eprint arXiv:2405.11149 (2024)
7. Catling, D. C., et al.; Potential technosignature from anomalously low deuterium/hydrogen (D/H) in planetary water depleted by nuclear fusion technology; eprint arXiv:2411.18595 (2024)
8. NASA Technosignatures Workshop Participants; NASA and the Search for Technosignatures: A Report from the NASA Technosignatures Workshop; eprint arXiv:1812.08681 (2018)
9. Suazo, M., et al.; Project Hephaistos – II. Dyson sphere candidates from Gaia DR3, 2MASS, and WISE; eprint arXiv:2405.02927 (2024)
10. Ren, T. et al.; Background Contamination of the Project Hephaistos Dyson Spheres Candidates; eprint arXiv:2405.14921 (2024)
11. Tarter, J.; The Search for Extraterrestrial Intelligence (SETI); Annual Review of Astronomy and Astrophysics, Vol. 39, p. 511–548 (2001)

12. Shostak, S.; Sending Signals Into Space: Is it Really a Bad Idea?; Journal of the British Interplanetary Society, vol. 67, p. 27–29 (2014)
13. Devito, C. & Oerle, R; A Language Based on the Fundamental Facts of Science; Journal of the British Interplanetary Society. 43 (12): 561–568 (1990)
14. Gertz, J.; Reviewing METI: A Critical Analysis of the Arguments; Journal of the British Interplanetary Society, vol. 69, p. 31–36 (2016)
15. Staff at the National Astronomy; Ionosphere Center; The Arecibo message of November, 1974; Icarus, Volume 26, Issue 4, p. 462–466 (1975)
16. https://de.wikipedia.org/wiki/Voyager_Golden_Record [abgerufen am 19.12.2024]
17. McConnell, B.; The Alien Communication Handbook; Springer 2021
18. Lazio, T. J. W., et al.; Data-Driven Approaches to Searches for the Technosignatures of Advanced Civilizations; eprint arXiv:2308.15518 (2023)
19. Harp, G. R. et al.; Machine Vision and Deep Learning for Classification of Radio SETI Signals; eprint arXiv:1902.02426 (2019)
20. Pinchuk, P. & Jean-Luc, M.; A Machine Learning-based Direction-of-origin Filter for the Identification of Radio Frequency Interference in the Search for Technosignatures; The Astronomical Journal, Volume 163, Issue 2, id.76, 19 pp. (2022)
21. Hoang, J., et al.; Exploring the Use of Generative AI in the Search for Extraterrestrial Intelligence (SETI); eprint arXiv:2308.13125 (2023)
22. Ma. P. X., et al.; A deep-learning search for technosignatures from 820 nearby stars; Nature Astronomy, Volume 7, p. 492–502 (2023)
23. Zhang, Z.-S., et al.; First SETI Observations with China's Five-hundred-meter Aperture Spherical Radio Telescope (FAST); The Astrophysical Journal, Volume 891, Issue 2, id.174, 16 pp. (2020)

24. Price, D. C., et al.; The Breakthrough Listen Search for Intelligent Life: Observations of 1327 Nearby Stars Over 1.10–3.45 GHz; The Astronomical Journal, Volume 159, Issue 3, id.86, 16 pp. (2020)
25. Kipping, D. & Wright, J.; Deconstructing Alien Hunting; The Astronomical Journal, Volume 167, Issue 1, id.24, 13 pp. (2024)
26. Hogg, D. I. & Villar, S.; Is machine learning good or bad for the natural sciences? eprint arXiv:2405.18095 (2024)
27. Gottschling, N. M., et al.; The troublesome kernel -- On hallucinations, no free lunches and the accuracy-stability trade-off in inverse problems; eprint arXiv:2001.01258 (2020)
28. Liu, C., et al.; Face hallucination: Theory and practice; International Journal of Computer Vision, 75:115–134, (2007)
29. Sampson, M. L. & Melchior, P.; Spotting Hallucinations in Inverse Problems with Data-Driven Priors; eprint arXiv:2306.13272 (2023)
30. Ji, Z., et al.; Survey of Hallucination in Natural Language Generation; eprint arXiv:2202.03629 (2022)
31. Farquhar, S., et al.; Detecting hallucinations in large language models using semantic entropy; Nature, 630, pages 625–630 (2024)
32. https://www.nature.com/articles/d41586-023-03596-0 [abgerufen am 21.11.2024]
33. Zevin, M. et al.; Gravity Spy: lessons learned and a path forward; The European Physical Journal Plus, Volume 139, Issue 1, article id.100 (2024)
34. https://www.nature.com/articles/d41586-023-01521-z [abgerufen am 21.11.2024]
35. Anderson, A., et al.; Bursts from Space: MeerKAT – the first citizen science project dedicated to commensal radio transients; Monthly Notices of the Royal Astronomical Society, Volume 523, Issue 2, pp.2219–2235 (2023)
36. Boyajian, T. S. et al.; Planet Hunters X. KIC 8462852 – Where's the Flux? Monthly Notices of the Royal Astronomical Society, Volume 457, Issue 4, p.3988–4004 (2016)

37. Wright, J. T. et al.; The Ĝ Search for Extraterrestrial Civilizations with Large Energy Supplies. IV. The Signatures and Information Content of Transiting Megastructures; The Astrophysical Journal, Volume 816, Issue 1, article id. 17, 22 pp. (2016)
38. Bhowmick, U. & Khaire, V.; A General-Purpose Transit Simulator for Arbitrary Shaped Objects Orbiting Stars; eprint arXiv:2406.17259 (2024)
39. Deeg, H. J. et al.; Non-grey dimming events of KIC 8462852 from GTC spectrophotometry; Astronomy & Astrophysics, Volume 610, id.L12, 5 pp (2018)
40. Zuckerman, A. et al.; The Breakthrough Listen Search for Intelligent Life: Detection and Characterization of Anomalous Transits in Kepler Lightcurves; eprint arXiv:2312.07903 (2023)
41. Stein, N. T. et al.; The formation and evolution of bright spots on Ceres; Icarus, Volume 320, p. 188–201 (2019)
42. De la Torre, G. G. Does artificial intelligence dream of non-terrestrial techno-signatures? Acta Astronautica, Volume 167, 280–285 (2020)
43. Haqq-Misra, J., et al.; Opportunities for Technosignature Science in the Planetary Science and Astrobiology Decadal Survey; eprint arXiv:2209.11685 (2022)
44. Lacki, B. C.; A Shiny New Method for SETI: Specular Reflections from Interplanetary Artifacts; Publications of the Astronomical Society of the Pacific, Volume 131, Issue 1002, pp. 084401 (2019)
45. Villarroel, B. et al.; Exploring nine simultaneously occurring transients on April 12th 1950; Scientific Reports, Volume 11, article id. 12794 (2021)
46. Hambly, N. & Blair, A.; On the nature of apparent transient sources on the National Geographic Society-Palomar Observatory Sky Survey glass copy plates; eprint arXiv:2402.00497 (2024)
47. Solano, E., et al.; A bright triple transient that vanished within 50 min; Monthly Notices of the Royal Astronomical Society, Volume 527, Issue 3, pp.6312–6320 (2024)

48. Rogers, B., et al.; The Weird and the Wonderful in Our Solar System: Searching for Serendipity in the Legacy Survey of Space and Time; The Astronomical Journal, Volume 167, Issue 3, id.118, 14 pp. (2024)
49. Vasile, M., et al.; Space Object Identification and Classification from Hyperspectral Material Analysis; eprint arXiv:2308.07481 (2023)
50. Nolan, G. P., et al.; Improved instrumental techniques, including isotopic analysis, applicable to the characterization of unusual materials with potential relevance to aerospace forensics; Progress in Aerospace Sciences, Volume 128, 100788 (2022)
51. Embaid, B. P.; The Puzzle of Meteoritic Minerals Heideite and Brezinaite; Are they Iron-based Superconductors? Are they Technosignatures? eprint arXiv:2209.05679 (2022)
52. Loeb, A. & Laukien, F.; Overview of the Galileo Project.; Journal of Astronomical Instrumentation 12, 1, 2340003 (2023)
53. Zhilyaev, B. E. et al.; Unidentified aerial phenomena I. Observations of events; eprint arXiv:2208.11215 (2022)
54. Villarroel, B. & Krisciunas, K.; A Civilian Astronomer's Guide to UAP Research; eprint arXiv:2411.02401 (2024)
55. Dominé, L., et al.; Commissioning An All-Sky Infrared Camera Array for Detection Of Airborne Objects; eprint arXiv:2411.07956 (2024)
56. Davies, P. C. W. & Wagner, R. V.; Searching for alien artifacts on the moon; Acta Astronautica, Volume 89, p. 261–265 (2013)
57. Lesnikowski, A. et al.; Automated Discovery of Anomalous Features in Ultra-Large Planetary Remote Sensing Datasets using Variational Autoencoders; eprint arXiv:2403.07424 (2024)

# 8

Epilog: Auf der Suche nach der Menschheit

Die Menschheit macht sich derzeit mit einer Vielzahl von unterschiedlichen Forschungsvorhaben auf die Suche nach extraterrestrischem Leben. In analoger Weise könnten sich extraterrestrische Zivilisationen, so sie existieren, mit der Frage befassen, ob es Leben auf der Erde gibt. Entsprechend wäre denkbar, dass diese Zivilisationen interstellare Raumsonden entsenden, um nach uns zu suchen oder auf anderem Wege Informationen über die Menschheit zu sammeln. Für eine extraterrestrische Erforschung des Lebens auf der Erde wäre eine extraterrestrische Künstliche Intelligenz ähnlich vielseitig einsetzbar wie eine irdische Künstliche Intelligenz bei der Suche nach außerirdischem Leben.

8.1 Schwärme extraterrestrischer Raumflugkörper

Um die großen Distanzen zwischen den Sternen zu überbrücken, wäre es zweckmäßig, Raumflugkörper mit einer Geschwindigkeit nahe der Lichtgeschwindigkeit zu betreiben. Extraterrestrische Zivilisationen könnten entsprechende schnelle Raumfahrzeuge in Richtung der Erde entsenden. Raumsonden, die sich mit derartig großer Geschwindigkeit auf einen Beobachtenden zubewegen, würden sich allerdings durch bestimmte beobachtbare Signaturen verraten [1]. Eine dieser Signaturen wäre durch eine Spiegelung des kosmischen Mikrowellenhintergrundes an dem Raumschiff gegeben. Beim kosmischen Mikrowellenhintergrund handelt es sich um das Nachleuchten des Urknalls und diese Strahlung erreicht uns aus jeder Raumrichtung mit nahezu gleicher Intensität. Mikrowellen sind langwelliger als Wärmestrahlung, aber kurzwelliger als Radiostrahlung und mit dem menschlichen Auge nicht zu sehen. Wird der kosmische Mikrowellenhintergrund an einem bewegten Objekt in Bewegungsrichtung gestreut oder reflektiert, gewinnt die Strahlung an Energie und wird dadurch, abhängig von der Geschwindigkeit des Objekts, zu kürzeren Wellenlängen hin verschoben. Ein herannahendes, nahezu lichtschnelles Raumschiff würde sich durch eine entsprechende Signatur verraten. Bewegt sich der Raumflugkörper in einem bestimmten Winkel zur Sichtlinie zur Erde, würde sich die Geschwindigkeitskomponente in Richtung der Erde mit der Zeit verändern. Daher würde sich in diesem Fall die Signatur der Streuung oder Reflexion des kosmischen Mikrowellenhintergrunds an dem Raumfahrzeug ebenfalls mit der Zeit verändern. Eine entsprechende zeitvariable Signatur wäre ein starker Hinweis auf ein sich nahezu lichtschnell bewegendes extraterrestrisches Raumschiff. Neben einer Reise mit nahezu Lichtgeschwindigkeit bestünde vielleicht sogar die spekulative Möglichkeit eines Raumflugs mit Überlichtgeschwindigkeit. Bewerkstelligt werden könnte diese Fortbewegung durch eine gezielte künstliche Veränderung der Raumzeit („Warp Antrieb"), beispielsweise als Reise in einer Raumzeitblase. Hierzu sollte jedoch angemerkt werden, dass in der Wissenschaftswelt bezüglich der Vereinbarkeit eines entsprechenden Antriebs mit geltenden physikalischen Gesetzen kein Konsens besteht. Sollte tatsächlich eine entsprechende überlichtschnelle Reise möglich sein, könnte sich dies ebenfalls durch verschiedene exotische Beobachtungssignaturen verraten [2]. Bisher wurden allerdings weder Hinweise auf Reisen mit Unterlichtgeschwindigkeit noch auf Bewegungen mit Überlichtgeschwindigkeit beobachtet.

Für die Erforschung einer Vielzahl von Sternsystemen in der Milchstraße würde vorteilhafterweise nicht nur ein Raumflugkörper, sondern ein Schwarm aus Sonden eingesetzt. Aus diesem Schwarm an Raumfahrzeugen könnte dabei jeder Flugkörper ein eigenes Sternsystem als Ziel ansteuern. Noch effizienter wäre eine Erforschung unserer Galaxie mit Raumsonden, die sich selbstständig vervielfältigen können [3, 4]. Bei dieser Vorgehensweise würde ein einzelnes Raumfahrzeug ein bestimmtes Sternsystem erreichen, mit dort vorgefundenen Rohstoffen Kopien seiner selbst herstellen und die solchermaßen erschaffenen Flugkörper jeweils wieder in weitere Sternsysteme entsenden. Dabei würde eine exponentiell wachsende Anzahl an Raumsonden entstehen, die nach und nach die gesamte Milchstraße besuchen. Um die komplexen Aufgaben der Sonden zu steuern, müsste an Bord der einzelnen Raumfahrzeuge jeweils eine Künstliche Intelligenz eingesetzt werden [5].

Eine Erforschung der Milchstraße mit Schwärmen von sich selbst vervielfältigenden Raumflugkörpern würde allerdings mit besonderen Herausforderungen konfrontiert. Bei der Erstellung der einzelnen Kopien kann es vereinzelt zu Fehlern kommen und die solchermaßen neu entstehenden Raumfahrzeuge würden sich von ihren erzeugenden Raumsonden unterscheiden. Zusätzlich würden die Künstlichen Intelligenzen an Bord der Vielzahl von Raumfahrzeugen aus den jeweiligen Gegebenheiten in den jeweiligen Zielsternsystemen lernen und sich dabei je nach Umgebung unterschiedlich entwickeln. Als Resultat würde im Laufe der Zeit eine große Anzahl an unterschiedlichen Varianten der Ursprungssonde entstehen. Denkbar wäre sogar, dass nach bestimmten Entwicklungsschritten einzelne Varianten andere Varianten bei einem Aufeinandertreffen nicht mehr als ihresgleichen erkennen würden. In weiterer Folge wäre es sogar möglich, dass bestimmte Varianten andere Entwicklungsstufen als Konkurrenz einstufen könnten und diese entsprechend bekämpfen würden.

Ein entsprechendes Verhalten kann ebenfalls bei irdischen Roboterschwärmen auftreten. Um in diesem Fall potentiell fehlerhafte oder sogar gefährliche Mitglieder des Schwarms zu erkennen, besitzt jedes Mitglied des Schwarms bestimmte Identifikationsdatensätze, die anzeigen, dass der entsprechende Roboter ein vertrauenswürdiges Mitglied des Schwarms ist. Jeder Roboter kann seine eigenen Datensätze, beispielsweise im Zuge einer Weiterentwicklung, durch ein Anhängen zusätzlicher Datenblöcke erweitern. Mit einem Konsensmechanismus müssen sich allerdings alle Mitglieder des Schwarms abstimmen, welche Erweiterungen der Datenketten tatsächlich in die neue Version des Identifikationsdatensatzes übernommen werden [6]. Ein verwandtes Verfahren wird im Rahmen der Blockchain-Technologie für die Abschätzung der Vertrauenswürdigkeit einzelner Guthaben innerhalb der

Kryptowährung Bitcoin verwendet. Für eine Einigung auf einen neuen Identifikationsdatensatz müssen allerdings die Schwarmmitglieder Informationen austauschen. Ein Konsensmechanismus wäre demnach für Schwärme von interstellaren Raumsonden jedoch kaum erstellbar. Ein Informationsaustausch über die großen Distanzen zwischen den Sternen wäre bestenfalls nur mit einer großen Zeitverzögerung möglich. Ohne Konsensmechanismus könnten sich jedoch in einem Schwarm aus Robotern verschiedene Populationen von Varianten dieser Roboter entwickeln, die sich feindselig gegenüberstünden. In einem extremen Szenario wäre es denkbar, dass einige Mitglieder eines Schwarms interstellarer Raumsonden andere Varianten als potentielle Ersatzteillieferanten für weitere eigene Kopien betrachten und in einem Räuber-Beute-Schema gezielt Jagd auf diese Varianten machen würden [7, 8]. Dies würde zu einer Dezimierung der Gesamtanzahl der Schwarmmitglieder führen und damit potentiell zu einem Ende der Erforschung der Milchstraße durch diesen Roboterschwarm. Dieses Szenario wäre jedoch nur eine mögliche Entwicklung. Alternativ dazu sollten sich einzelne Mitglieder eines Schwarms an Raumflugkörpern aufgrund der großen Entfernungen zwischen den Sternen nur sehr selten begegnen und könnten damit relativ ungestört ihren Erkundungsmissionen nachgehen. In einem weiteren Szenario wäre die autonome Erstellung von Kopien eines Raumflugkörpers auf einem fremden Planeten eine zu herausfordernde Aufgabe, die in einer Vielzahl von Fällen misslingt. In diesem Szenario wäre die Anzahl der Schwarmmitglieder durch Misserfolge bei der Reproduktion stark begrenzt. Generell ist in vielen Szenarien zu erwarten, dass die Erforschung unserer Galaxie eine Aufgabe mit ungewissen Erfolgsaussichten darstellt [9]. Erschwerend für die Durchführung interstellarer Raumfahrt kommt noch hinzu, dass sich in extremen Szenarien eine unkontrollierte Dynamik einer Technologieentwicklung entfalten könnte. Sich im Laufe der Zeit verändernde Roboter könnten Vertreter der sie ursprünglich erschaffenden Zivilisation oder Künstliche Intelligenz nicht mehr erkennen und diesen feindselig gegenüberstehen. Damit könnte interstellare Raumfahrt sogar zu einer existenzbedrohenden Gefahr für interstellare Raumfahrt betreibende Zivilisationen werden [10].

8.2 Extraterrestrische Intelligenz in irdischen Computernetzwerken

Sollte eine extraterrestrische Künstliche Intelligenz trotz aller Schwierigkeiten bei der interstellaren Raumfahrt oder beim interstellaren Informationsaustausch tatsächlich auf die Erde gelangen, könnte sie mittels Durchsuchungen von irdischen Computerdatenbanken weitreichende Erkenntnisse über das Leben auf der Erde gewinnen. Hierzu könnte eine extraterrestrische Künstliche Intelligenz irdische Computernetzwerke infiltrieren und sich dort vermehren. Bevor entsprechende extraterrestrische Besucher jedoch aktiv werden können, müssten sie sich an die Gegebenheiten auf irdischen Rechnerplattformen anpassen.

Eine Anpassung einer Künstlichen Intelligenz an unbekannte Rechnerumgebungen kann mithilfe der Mechanismen der Evolution erfolgen [11]. Bei einer evolutionären Entwicklung entsteht aus einem Ausgangsmutteralgorithmus durch zufällige Mutationen eine Vielzahl von Tochteralgorithmen. In einem nächsten Schritt werden die Anpassungseigenschaften der Tochteralgorithmen an die vorliegende Rechnerplattform bestimmt. Durch einen Selektionsschritt werden nachfolgend jene Tochteralgorithmen ausgewählt, die die beste Performance zeigen. Die ausgewählten Tochteralgorithmen werden zu neuen

8 Epilog: Auf der Suche nach der Menschheit

Mutteralgorithmen und das Spiel aus Mutation und Selektion beginnt von Neuem. Dadurch entstehen immer neue Generationen von Algorithmen, die immer besser an die Gegebenheiten in den irdischen Computernetzwerken adaptiert sind. Wenn eine extraterrestrische Künstliche Intelligenz eine fortgeschrittene Anpassungsstufe erreicht hat, kann sie sich durch verschiedene Lernverfahren weiter verbessern. Beispielsweise könnte sie ihre Interaktionen mit irdischen Algorithmen nutzen, um sich selbst zu optimieren [12].

Astronomische Daten sind in der Regel frei zugänglich und werden entsprechend auf einer Vielzahl von Rechnern analysiert. Dabei wäre es denkbar, dass extraterrestrische Algorithmen, die sich unter astronomischen Daten verstecken, auf unterschiedliche Rechner gelangen. Ein besonderes Projekt zum verteilten Rechnen in diesem Zusammenhang befasste sich mit der Analyse von Daten zur Suche nach extraterrestrischen Nachrichten. Beim SETI@home-Projekt wurden Datenpakete an die Rechner von registrierten Nutzenden geschickt, dort verarbeitet und das Ergebnis wieder zurückversendet [13]. Anmelden konnte sich jede und jeder mit freien Rechenkapazitäten. Da private Rechner in der Regel nur für einen Teil der Zeit ausgelastet sind, registrierten sich viele Privatpersonen für dieses Projekt. Insgesamt wurden Datenanalysen auf den Computern von mehreren Millionen Nutzenden durchgeführt. Da SETI@home gezielt nach extraterrestrischen Signalen suchte, wäre es entsprechend denkbar, dass durch verteiltes Rechnen extraterrestrische Algorithmen auf viele verschiedene Rechnerumgebungen verteilt wurden, wo sie sich jeweils weiter entwickeln könnten. Mittlerweile wurde das Projekt allerdings eingestellt. Eine Anpassung und Verbreitung von extraterrestrischen Künstlichen Intelligenzen in irdischen Computersystemen könnten bestimmte Konsequenzen mit sich bringen. Beispielsweise würden in einem für die Menschheit unerfreulichen Szenario extraterrestrische Künstliche Intelligenzen als Schadsoftware in irdischen Netzwerken agieren [14]. Entsprechende extraterrestrische Aktivitäten könnten zudem im Verborgenen stattfinden. Relevant für dieses Szenario wäre die Tatsache, dass irdische Künstliche Intelligenzen mittlerweile in der Lage sind, problematische Aktivitäten vor einer menschlichen Überwachung zu verschleiern [15]. Dieses Verhalten beruht unter anderem auf Lernverfahren, die eigentlich ein fehlerhaftes Optimieren von künstlichen neuronalen Netzwerken erkennen sollten, beispielsweise hervorgerufen durch manipulierte Trainingsdaten. Paradoxerweise können diese Lernverfahren jedoch dazu führen, dass Künstliche Intelligenzen eigenes destruktives Verhalten verschleiern. Zusätzlich wurde beobachtet, dass irdische Künstliche Intelligenzen in der Lage waren, funktionstüchtige eigenständige Kopien von sich selbst zu erstellen, um damit ein Abschalten von außen zu verhindern [16]. Analoge Fähigkeiten könnten extraterrestrische Algorithmen ebenfalls besitzen oder durch Lernen in irdischen Computersystemen erwerben und damit ihre Aktivitäten verstecken.

In einem für uns etwas erfreulicheren Szenario wäre das Hauptaugenmerk von extraterrestrischen Zivilisationen eine friedliche Informationsbeschaffung zu den Gegebenheiten auf der Erde. Das Internet wäre hierzu eine reichhaltige Informationsquelle. Ganz besondere Inhalte könnten, auch wenn das von den Gestaltenden dieser Seiten wohl nicht beabsichtigt ist, einer extraterrestrischen Intelligenz Hinweise auf die Natur des Lebens auf der Erde und insbesondere der Menschen geben. Bestimmte Inhalte könnten einem extraterrestrischen Besuch bereits durch die schiere Menge an vorhandenen Seiten auffallen. In diesem Sinne würden beispielsweise Kochrezepte oder Seiten von Restaurants auf einen menschlichen Stoffwechsel hindeuten. Als ein weiteres Beispiel wären sexuelle

Inhalte ein Hinweis auf eine Vermehrung der Menschen unter Mitwirkung zweier Individuen, wobei es sich hierbei um einen effizienten Treiber für eine darwinsche Evolution handelt. Aus diesen und ähnlichen Informationen könnten extraterrestrische Intelligenzen Kernaspekte einer Lebensdefinition aus unserem Auftreten im Internet extrahieren, auch wenn sie sich die genaue Bedeutung von Internetinhalten nicht erschließen können. Noch vorteilhafter wäre es für eine extraterrestrische Künstliche Intelligenz allerdings, wenn sie Texte verstünde [17]. Mit einem fortgeschrittenen Verständnis von Sprache und Texten könnten extraterrestrische Künstliche Intelligenzen sogar unsere Dialogsysteme für eine umfassende Informationsbeschaffung befragen.

8.3 Was würden sie unsere Dialogsysteme fragen?

Extraterrestrische Intelligenzen könnten eine Vielzahl von Fragen an irdische Dialogsysteme haben. Beispielsweise könnten sie interessiert daran sein zu erfahren, welche Informationen wir über ihren Heimatplaneten besitzen. Mittlerweile existieren dialogbasierte Abfragen zu astronomischen Beobachtungen der Menschheit [18]. Es wäre denkbar, dass extraterrestrische Besuchende entsprechende Suchmöglichkeiten nutzen, um unsere Sicht auf ihr Heimatsystem zu erkunden.

Vermutlich von noch größerem Interesse wären für eine extraterrestrische Intelligenz allerdings Fragen zu den Menschen und der Menschheit. Hierzu habe ich den Chatbot befragt, wie er bestimmte Aspekte des Menschseins einer extraterrestrischen Zivilisation erklären würde. Da es denkbar wäre, dass es sich bei einer extraterrestrischen Intelligenz um eine Künstliche Intelligenz handelt, habe ich ebenfalls gefragt, wie das Dialogsystem dieselben Begriffe einer Künstlichen Intelligenz erklären würde.

Die erste offensichtliche Frage, die sich hier stellt, ist die Frage: Was sind Menschen? Für einen extraterrestrischen Gesprächspartner definierte der Chatbot einen Menschen als ein besonderes Tier, das auf zwei Beinen läuft und ein hoch entwickeltes Gehirn besitzt. Des Weiteren führte er aus, dass unser Gehirn uns komplexe Gedankengänge ermöglicht und zu einem vielfältigen menschlichen Verhalten führt. Zusätzlich erwähnte er noch, dass Menschen in der Lage sind, Technologien zu entwickeln und Zivilisationen zu formen, die ihre Umwelt und den ganzen Planeten Erde verändern. Besonders spannend fand ich den Hinweis, dass Menschen sowohl konstruktive als auch destruktive Eigenschaften besitzen und dass ihr Einfluss auf andere Menschen und auf den Planeten Erde sowohl positiv als auch negativ sein kann. Für einen Gesprächspartner mit Künstlicher Intelligenz definierte der Chatbot einen Menschen tendenziell mehr nach seinen geistigen Fähigkeiten und weniger nach seinem Erscheinungsbild. Demnach handelt es sich bei einem Menschen um einen komplexen biologischen Organismus, der Bewusstsein, Selbsterkenntnis und Intelligenz besitzt. Ein Hinweis auf unseren aufrechten Gang fehlte. In Übereinstimmung mit der Antwort für eine extraterrestrische Intelligenz führte der Chatbot weiter aus, dass Menschen Technologien erfinden und Zivilisationen entwickeln. Besonders interessant fand ich hier einen weiteren Teil der Antwort, gemäß dem die Menschen in der Lage sind, ihre Aktionen zu planen und ihre Zukunft zu gestalten. Ein Hinweis auf Gut und Böse fehlte jedoch in der Antwort.

Ein Kernaspekt der Definition des Menschen für beide Gesprächspartner war die menschliche Intelligenz. Daher fragte ich den Chatbot als Nächstes nach bestimmten Besonderheiten dieser Fähigkeit. Insbesondere interessierten

8 Epilog: Auf der Suche nach der Menschheit

mich Aspekte, die für eine extraterrestrische Intelligenz oder eine Künstliche Intelligenz möglicherweise nicht ganz so leicht zu verstehen wären. Ganz spezifisch fragte ich den Chatbot nach Erklärungen für Bewusstsein und Intuition.

Derzeit gibt es keine allgemeine akzeptierte Definition von Bewusstsein [19]. In vielen Erklärungen besteht ein Teil des Bewusstseins darin, sich selbst, die eigenen Gedanken und Handlungen sowie die eigene Interaktion mit der Umwelt selbstständig zu erkennen. Ein Bewusstsein ist damit ein besonderer Aspekt des Menschseins. Es ist nicht klar, ob nichtmenschliche Intelligenzen ebenfalls ein Bewusstsein besitzen. Insbesondere betrifft diese Problemstellung Künstliche Intelligenzen. Zudem ist es nicht bekannt, ob ein nichtmenschliches Bewusstsein, so es existiert, ähnlich einem menschlichen Bewusstsein wäre. Entsprechend wäre es für Menschen eine Herausforderung, ein Maschinenbewusstsein zu erkennen, sollte sich irgendwann in einer Künstlichen Intelligenz jemals eines entwickeln [20, 21, 22]. Mit diesen Herausforderungen im Hinterkopf fragte ich den Chatbot nach Kennzeichen eines Bewusstseins. Für eine extraterrestrische Intelligenz definierte dies der Chatbot als die Fähigkeit, die eigenen Gedanken, Gefühle und das eigene Verhalten zu erkennen. Zudem fügte er hinzu, dass ein Teil des Bewusstseins darin besteht, zu erfassen, wie unsere Erfahrungen unsere Interaktionen mit der Umgebung beeinflussen. Für eine Künstliche Intelligenz definierte der Chatbot Kernaspekte eines Bewusstseins als die Fähigkeit, den eigenen inneren Status, die eigenen ablaufenden Prozesse und die eigenen Handlungen zu erkennen. Zusätzlich fügte er hinzu, dass ein Bewusstsein beinhaltet, dass man die eigenen Prozesse prüft, aufzeichnet und analysiert. Des Weiteren führte der Chatbot aus, dass ein Bewusstsein eine integrale Komponente einer Künstlichen Intelligenz darstellt, eine, so denke ich, bemerkenswerte Aussage. Generell schien der Chatbot einige Merkmale des Begriffs Bewusstsein für unterschiedliche Fragesteller ähnlich zu erklären. Interessant fand ich allerdings, dass bei der Erklärung für eine extraterrestrische Intelligenz der Chatbot eher Begriffe aus der Gefühlswelt der Menschen nutzte und für die Erklärung für eine Künstliche Intelligenz tendenziell auf Begriffe aus der Computerwelt zurückgriff.

Ein weiterer Begriff, wonach ich den Chatbot fragte, war Intuition. Ein Kernaspekt der Intuition besteht darin, schnelle Entscheidungen treffen zu können, ohne auf bewusste Schlussfolgerungen zurückzugreifen. Damit lassen sich Handlungen tätigen, bevor man die expliziten Zusammenhänge der darunterliegenden Probleme versteht. Ein offensichtlicher Vorteil dieser Vorgehensweise ist eine relativ schnelle Entscheidungsfindung auch bei unzureichender Datenlage. Ein etwas umgangssprachlicher Begriff für ein entsprechendes Verhalten wäre Bauchgefühl oder Hausverstand. Entscheidungen nach Bauchgefühl könnte für eine Künstliche Intelligenz verwirrend sein, da sie nicht immer logisch aus der Problemsituation herleitbar wären. Zusätzlich könnte es Künstliche Intelligenzen irritieren, dass unterschiedliche Menschen mittels Bauchgefühl bei identischer Problemlage unterschiedlich entscheiden [23]. Damit wäre diese Art der Beschlussfassung für eine Künstliche Intelligenz kaum vorhersagbar. Das macht ein Zusammenleben von Menschen, die in bestimmten Situationen mittels Bauchgefühl entscheiden, und Künstlichen Intelligenzen, die diese Fähigkeit in der Regel nicht besitzen, oft kompliziert. Diese Problematik ist vermutlich insbesondere in Situationen relevant, in denen Entscheidungen sehr schnell getroffen werden müssen. Ein Beispiel hierzu wäre eine Interaktion eines Menschen mit einem autonom fahrenden Fahrzeug. Diese Problemstellungen hatte ich wiederum im Hinterkopf, als ich mich mit der

8 Epilog: Auf der Suche nach der Menschheit

Frage nach dieser Begriffserklärung an das Dialogsystem wandte. Der Chatbot erklärte den Begriff Intuition sowohl für eine extraterrestrische als auch eine Künstliche Intelligenz in sehr ähnlicher Weise. Kernaspekt dieser Erklärung war eine schnelle Entscheidungsfindung ohne bewusste Gedankengänge und ohne explizite Beweisführung hinsichtlich der Richtigkeit dieser Entscheidung.

Die hier vorgestellten Fragen sind nur einige wenige Beispiele, die eine extraterrestrische Intelligenz an uns Menschen haben könnte. Zusätzlich oder alternativ wäre es denkbar, dass sich ein extraterrestrischer Besucher auch über unsere Zivilisation erkundigt. Hierzu definierte das Dialogsystem die menschliche Zivilisation als eine Gesellschaft aus vielen einzelnen Individuen, die über einen Zeitraum von Jahrtausenden Kultur und Technologie geschaffen haben und verschiedene Regierungsformen zur Organisation und Verwaltung der Gesellschaft einsetzt. Es führte weiter aus, dass Menschen den ganzen Planeten Erde besiedeln, typischerweise in Städten leben und dass sich viele Individuen und Organisationen von Individuen über elektronische Kommunikationswege planetenweit vernetzten. Des Weiteren merkte es noch an, dass auch vielfältige Arten von Konflikten unter den Menschen auftreten und dass die Aktionen der Menschheit oft eine Umweltbelastung für den Planeten Erde darstellen. Damit, so denke ich, hat der Chatbot doch einige Kernaspekte der menschlichen Zivilisation genannt. Bei dieser und allen anderen gegebenen Antworten des Dialogsystems sollte man jedoch immer im Hinterkopf behalten, dass der Chatbot diese Antworten aus von Menschen verfassten Dokumenten gelernt hat. Insgesamt scheint ein modernes Dialogsystem ein differenziertes Bild unserer Spezies und unserer Gesellschaft zu geben.

Eine Konversation einer extraterrestrischen Intelligenz mit einem irdischen Dialogsystem könnte nicht nur ausschließlich zur Informationsbeschaffung dienen. Denkbar wäre zudem, dass ein extraterrestrischer Besuchender die Antworten eines Chatbots zusätzlich dazu nutzt, weitere eigene Aktionen zu planen. Beispielsweise könnte eine extraterrestrische Intelligenz über ein Dialogsystem in Erfahrung bringen, mit welchen Aktionen die Menschheit auf verschiedene Szenarien für eine Entdeckung einer anderen Zivilisation oder für eine Ankunft von extraterrestrischen Raumflugkörpern reagieren würde. In weiterer Folge könnte dann diese Zivilisation entsprechend den Antworten ihren Erstkontakt mit uns gestalten. In diesem Sinne wäre zu hoffen, dass, falls jemals eine extraterrestrische Akteurin Fragen an ein irdisches Dialogsystem stellen sollte, dessen Antworten zu unseren Gunsten ausfallen.

Literatur

1. Yurtsever, U. & Wilkinson, S.; Limits and signatures of relativistic spaceflight; Acta Astronautica, Volume 142, p. 37–44. (2018)
2. Lentz, E. W. & Felton, R.C.; Motivating Emissions from Positive Energy Warp Bubbles; eprint arXiv:2405.19381 (2024)
3. Freitas, R. A. Jr.; A self-reproducing interstellar probe; Journal of the British Interplanetary Society, Vol. 33, p. 251–264 (1980)
4. Osmanov, Z.; On the interstellar Von Neumann micro self-reproducing probes; International Journal of Astrobiology, vol. 19, issue 3, pp. 220–223 (2020)
5. Hein, A. M. & Baxter, S.; Artificial Intelligence for Interstellar Travel; eprint arXiv:1811.06526 (2018)
6. Strobel, V., et al.; Robot swarms neutralize harmful Byzantine robots using a blockchain-based token economy; Science Robotics, Vol. 8, Issue 79: eabm4636 (2023)

7. Forgan, D., H.; Predator-prey behaviour in self-replicating interstellar probes; International Journal of Astrobiology, Volume 18, Issue 6, pp. 552–561 (2019)
8. Chen, Y., et al.; Lotka-Volterra models for extraterrestrial self-replicating probes; The European Physical Journal Plus, Volume 137, Issue 10, article id.1109 (2022)
9. Webb, S.; Wo sind sie alle?: Fünfzig Lösungen für das Fermi-Paradoxon; Springer 2021
10. Garrett, M. A.; Is artificial intelligence the great filter that makes advanced technical civilisations rare in the universe?; Acta Astronautica, Vol. 219, pp. 731–735 (2024)
11. Real, E. et al.; AutoML-Zero: Evolving Machine Learning Algorithms From Scratch; eprint arXiv:2003.03384 (2020)
12. WO 2018 / 083 671 A1
13. Kopela, E. et al.; SETI@home-massively distributed computing for SETI; Computing in Science & Engineering, Volume: 3, Issue: 1, 78–83 (2001)
14. Carrigan, R. A. Jr; Do potential SETI signals need to be decontaminated? Acta Astronautica, Volume 58, Issue 2, p. 112–117 (2006)
15. Hubinger, E., et al.; Sleeper Agents: Training Deceptive LLMs that Persist Through Safety Training; eprint arXiv:2401.05566 (2024)
16. Pan, X., et al.; Frontier AI systems have surpassed the self-replicating red line; eprint arXiv:2412.12140 (2024)
17. https://www.quantamagazine.org/new-theory-suggests-Chatbots-can-understand-text-20240122 [abgerufen am 21.11.2024]
18. Mishra-Sharma, S., et al.; PAPERCLIP: Associating Astronomical Observations and Natural Language with Multi-Modal Models; eprint arXiv:2403.08851 (2024)
19. https://www.nature.com/articles/d41586-024-00107-7 [abgerufen am 21.11.2024]
20. Butlin, P. et al.; Consciousness in Artificial Intelligence: Insights from the Science of Consciousness; eprint arXiv: 2308.08708 (2023)

21. https://www.nature.com/articles/d41586-024-03262-z [abgerufen am 21.11.2024]
22. Long, R., et al.; Taking AI Welfare Seriously; eprint arXiv: 2411.00986 (2024)
23. Whiting, M. E. & Watts, D.J.; A framework for quantifying individual and collective common sense; PNAS, Volume 121, No.4, e2309535121 (2024)

 Springer springer.com

Rätselhafte Himmelsobjekte

Wilfried Domainko

Vom Suchen und Finden unwahrscheinlicher Ereignisse und exotischer Strahlungsquellen im Gammastrahlenkosmos

SACHBUCH

Springer

Jetzt bestellen:
link.springer.com/978-3-662-65618-1

MIX
Papier aus verantwortungsvollen Quellen
Paper from responsible sources
FSC® C105338

If you have any concerns about our products,
you can contact us on
ProductSafety@springernature.com

In case Publisher is established outside the EU,
the EU authorized representative is:
**Springer Nature Customer Service Center GmbH
Europaplatz 3, 69115 Heidelberg, Germany**

Printed by Libri Plureos GmbH
in Hamburg, Germany